知識ゼロでもだいじょうぶ

withコロナ時代のための

テレワーク 自宅Wi-Fi クラウド に対応

セキュリティの新常識

那須慎二

ソシム

はじめに

　2020年初頭。突如襲ってきた新型コロナウィルスによって、私たちの行動や仕事のあり方、生活がまさに一変。Stay Home を余儀なくされ、飲食やアパレル、旅行業界等多くのビジネスに大きな爪痕を残し、密空間である満員電車を避けるように大都市圏を中心にテレワークせざるを得ない状況に強制的に身を置くことになるとは、誰が予想できたでしょうか。

　新型コロナウィルスの世界的な拡大に伴い、サイバー攻撃も激化。SMSを用いたメッセージ詐欺やフィッシング詐欺等、世の中の混乱に便乗したサイバー攻撃も急増しました。このような困難の中、適切なセキュリティ対策を行わないまま、テレワークをせざるを得なくなった企業はどれだけあったことでしょう。テレワークをしたくてもセキュリティが怖くて舵を切ることができないケースもあり、まさに混乱期の様相を呈しています。

　新型コロナウィルス同様、目には見えませんが現実的に存在している脅威がサイバー攻撃やコンピュータウィルス、内部からの情報流出問題などです。特に個人情報漏洩に関しては、欧米諸国に肩を並べるべく、日本国としての罰則が厳しくなります（詳しくは拙著にて説明しています）。中小企業を含めた全ての法人企業が適切なセキュリティ対策をしなくては事業すら継続できない時代に突入しました。もはや「知らなかった」では済まされず、突如降りかかってくる脅威にいかに対応するかを真剣に考え、対策をしなくてはいけません。

　その一方で、IT が苦手な方や経営者。突然セキュリティ担当に任せられた方などにとってセキュリティはどこから手をつけてよいのかわからず、ハードルが高いのも事実。

　そこで、難しいセキュリティ問題をなるべくわかりやすく、理解しやすいようにお伝えすること。具体的な対処法をお伝えすることで「なるほどこうすればいいんだ」と納得し、行動に一歩でも踏み出せるきっかになるようにと、まとめたのが本書です。

　なお、本書は 2016 年に発刊した「小さな会社の IT 担当者のためのセキュリティの常識」をベースに、新しい情報の追加や、旧情報の修正などを行いリニューアルさせたものです。

　本書を通じて、少しでも日本に「セキュリティのバリアを張り巡らせる」お手伝いができれば幸いです。

那須慎二

Contents

Intro　中小企業が狙われる！
セキュリティへの脅威と被害 ················· 15

1章　セキュリティとサイバー攻撃 ················· 21

[1-1] テレワーク時代のセキュリティ ················· 22

- 基本　企業活動にとっての「情報」とは ················· 22
- 基本　情報とコンピュータ ················· 23
- 基本　インフラの充実により高まる情報の価値 ················· 24
- 基本　新型コロナウイルスによるテレワークへの強制シフト ················· 26
- まとめ　時代の変容とサイバーセキュリティ問題 ················· 26

[1-2] セキュリティの基礎知識 ················· 28

- 基本　情報セキュリティとは何か ················· 28
- 基本　4つの情報セキュリティ特性 ················· 30
- 基本　責任追跡性（accountability） ················· 32
- 基本　木桶の理論 ················· 34
- 基本　不正のトライアングルと情報漏えい ················· 35

[1-3] 企業が守るべき情報資産の種類 ················· 37

- 基本　情報資産を洗い出す ················· 37
- 基本　情報資産の保管場所を特定する ················· 39
- 基本　情報資産に優先順位をつける ················· 40
- 基本　最悪の事態と回避方法を想定する ················· 41

[1-4] サイバー攻撃とは ················· 43

- 基本　サイバー攻撃の手口 ················· 43
- 基本　サイバー攻撃の主体 ················· 44

| まとめ | サイバー攻撃は他人事ではないと認識する | 47 |

[1-5] サイバー犯罪の遍歴 48

基本	インターネットの仕組み	48
基本	スパムメールの原型となった「クリスマスワーム」	50
COLUMN	世界初のウイルス	51
基本	セキュリティパッチの登場	52
COLUMN	日本のサイバーセキュリティ団体	52
基本	ランサムウェアの登場	53
基本	インターネット人口の増加とウイルス作成ツールの登場	53
基本	ウイルス作成の大衆化	54
基本	代表的なウイルス事案	55
COLUMN	水飲み場攻撃	57
まとめ	増え続ける標的型攻撃	58

2章 中小企業の経営者のための セキュリティ基本講座 61

[2-1] 間違い1 ウイルス対策ソフトを入れているから、大丈夫 62

基本	ウイルス対策ソフトは死んだ	62
基本	なぜウイルス対策ソフトで防げないのか	62
基本	新たな攻撃手法「ファイルレス攻撃」の登場	63
まとめ	攻撃者の進化に利用者の理解が追いついていない	64
COLUMN	Microsoft Windows Defender（ウィンドウズ ディフェンダー）だけで 大丈夫？	65

[2-2] 間違い2 怪しいサイトに行かないから、問題ない 67

基本	どんなWebサイトにも危険が潜んでいると認識する	67
基本	時事問題の便乗詐欺事案	68
基本	ドライブ・バイ・ダウンロード攻撃	69
基本	ネット広告を利用したマルウェア拡散（マルバタイジング）	70

📖 まとめ 「普通」の Web 利用の危険性を認識しよう …………………………………… 71

COLUMN 攻撃する立場で考えると対策が見える……………………………………… 72

[2-3] 間違い 3 うちみたいな小さい会社が
狙われるわけがない ……………………… 73

📋 基本 攻撃者にとっての価値を考える ……………………………………… 73

📋 基本 「サプライチェーン攻撃」で狙われる中小企業 …………………………… 73

📋 基本 「狙いたい」ターゲットより「乗っ取りやすい」ターゲット ………… 75

[2-4] 間違い 4 不正送金被害にあっても
銀行が何とかしてくれる ……… 76

📋 基本 お金は常に攻撃者に狙われる ……………………………………… 76

📋 基本 自分でできる対策から始める ……………………………………… 80

[2-5] 間違い 5 盗まれて困るような情報は持っていないから
大丈夫 ……… 82

📋 基本 攻撃者の狙いは情報だけではない ……………………………… 82

📖 事例 知らぬ間に不正送金の踏み台に ……………………………………… 82

📋 基本 ランサムウェアによるデータの喪失 ……………………………… 83

[2-6] 間違い 6 いざとなればインターネットなんか
使わなければいい ……… 85

📋 基本 インターネットは社会の基幹 ……………………………………… 85

📋 基本 基幹としてのライフラインとインターネットの違い ………………… 86

[2-7] 間違い 7 実際にサイバー攻撃に遭ったなんて
聞いたことがない ……… 87

📋 基本 ネガティブ情報は外には出てこない ……………………………… 87

📋 基本 なぜ中小企業はセキュリティ対策が遅れているのか ………………… 88

COLUMN よくわからないからパソコンに詳しい現場担当に任せている ……… 90

[2-8] 間違い 8 古い PC はすべて入れ替えたから問題ない ……… 91

📋 基本	古い OS の PC 利用はスタンドアロンが基本 ………………………	91
📋 基本	新しい OS でも対策は必須 …………………………………………	92
📚 まとめ	セキュリティへの興味を持つことが対策への第一歩 …………………	93

3章 担当者として知っておくべきネットワークの基礎知識 ……………… 95

[3-1] ネットワークの構成を理解する ………………………… 96

📋 基本	社内のネットワーク構成図を作成する………………………………	96
📋 基本	社内ネットワークの設定情報を整理する……………………………	98
📋 基本	ルータの設定を確認する ……………………………………………	98

[3-2] ネットワークの情報を得る ………………………………… 98

📋 基本	自分のパソコンの設定情報を確認する ………………………………	98
💻 実践	自分のパソコンのネットワーク設定情報をコマンドを使って確認する ………………………………	104

[3-3] TCP/IP を理解する ……………………………………… 107

📋 基本	IP アドレスを理解する ……………………………………………	107
COLUMN	IP アドレスを固定する ……………………………………………	109
📋 基本	サブネットマスクを理解する………………………………………	109
COLUMN	ビットの話 …………………………………………………………	112
📋 基本	デフォルトゲートウェイを理解する ………………………………	115
📋 基本	DHCP を理解する …………………………………………………	116
COLUMN	自動割り振りに失敗したとき ………………………………………	117
📋 基本	DNS サーバを理解する ……………………………………………	118
COLUMN	http と https の違いについて ……………………………………	119
💻 実践	ネットワーク設定一覧表に落とし込む ……………………………	120
📋 基本	フリーソフトを使ってネットワーク情報を自動収集する……………	121

4章 すぐできるセキュリティ対策の基本 ………… 125

[4-1] 自分でできるセキュリティの基本設定 ……………… 126

- 基本 OS がセキュリティ面で最新状態になっているかを確認する …… 126
- 基本 ブラウザが最新状態になっているかを確認する ………………… 127
- 基本 Adobe Reader を最新状態にする：Windows、Mac 共通 ……… 131
- 基本 Microsoft Office 関連を最新状態にする ……………………… 132
- 基本 ウイルス対策ソフトも最新状態にする ………………………… 133
- 基本 紙媒体での情報漏えいリスク …………………………………… 134

[4-2] 管理者がすべきセキュリティ対策と心がけ ……………… 135

- 基本 ウイルス対策ソフトは統一して、一元管理する ………………… 135
- COLUMN ウイルス対策ソフトの一元管理はクラウド型が主流になる ……… 136
- 実践 OS やアプリケーションも一元管理する ……………………… 137
- 実践 ファイルサーバ（NAS）を適切に設定・管理する ……………… 137
- 基本 データをバックアップする ……………………………………… 139
- 基本 バックアップの種類 ……………………………………………… 139
- 基本 バックアップの方法 ……………………………………………… 140
- 実践 Widows の標準機能「Widows バックアップ」を利用する ……… 141
- 実践 Mac の標準機能「Time Machine」でバックアップする ………… 144
- COLUMN バックアップツールを使おう …………………………………… 146
- 基本 古い OS はネットワークにつながない ………………………… 147
- 基本 USB メモリや SD カードなどの取り扱い ……………………… 147
- 基本 無線 LAN（Wi-Fi）の取り扱い ……………………………… 149
- 基本 機器は買ったときの設定では使わない ………………………… 149
- 基本 暗号化方式として WEP は使わない …………………………… 150
- 基本 物理的なパソコン盗難防止のために …………………………… 151
- 実践 連休前はパソコンの電源を根元から切断する ………………… 153
- 実践 UTM でインターネットの出入り口を制御する ……………… 153

COLUMN セキュリティ対策は「多層防御」を取り入れよう ⋯⋯⋯⋯⋯⋯ 156

5章 テレワーク利用におけるセキュリティ対策 ⋯⋯ 157

[5-1] テレワークセキュリティに対する考え方 ⋯⋯⋯⋯⋯⋯⋯⋯ 158
基本 テレワークセキュリティで必要となる 2 つの対策 ⋯⋯⋯⋯⋯⋯ 158

[5-2] テレワークセキュリティを実現するために必要なもの ⋯⋯⋯ 160
基本 会社で貸与したノート PC やスマホを利用する場合 ⋯⋯⋯⋯⋯ 160

[5-3] 社内アクセスが必須となる場合のセキュリティ対策 ⋯⋯⋯⋯ 166
基本 社内アクセスをする上で基本となるネットワーク環境と
セキュリティ対策 ⋯⋯⋯⋯⋯⋯⋯⋯⋯⋯⋯⋯⋯⋯⋯⋯⋯⋯⋯ 166

[5-4] クラウドサービスを利用している場合のセキュリティ対策 ⋯ 173
基本 クラウドサービスを利用している場合の基本的な
セキュリティ対策 ⋯⋯⋯⋯⋯⋯⋯⋯⋯⋯⋯⋯⋯⋯⋯⋯⋯⋯⋯ 173

[5-5] BYOD によるテレワークの場合のセキュリティ対策 ⋯⋯⋯⋯ 179
基本 BYOD 利用時に最低限確認すべきセキュリティ項目 ⋯⋯⋯⋯⋯ 179
基本 BYOD で利用するリモートアクセス方法 ⋯⋯⋯⋯⋯⋯⋯⋯⋯⋯ 180
基本 BYOD でクラウドサービスを利用する際の必要項目 ⋯⋯⋯⋯⋯ 181
基本 自宅 Wi-Fi のセキュリティ対策 ⋯⋯⋯⋯⋯⋯⋯⋯⋯⋯⋯⋯⋯ 182
応用 自宅 Wi-Fi のセキュリティ強化 ⋯⋯⋯⋯⋯⋯⋯⋯⋯⋯⋯⋯⋯ 186
COLUMN テレワーク時の電話応対とセキュリティ強化の相乗効果 ⋯⋯⋯ 188

6章 中小企業が気をつけるべき、さまざまな脅威と対策 ⋯⋯⋯⋯⋯⋯⋯⋯⋯⋯⋯ 189

[6-1] セキュリティに対する脅威の実態 ⋯⋯⋯⋯⋯⋯⋯⋯⋯⋯⋯ 190
脅威 標的型攻撃 ⋯⋯⋯⋯⋯⋯⋯⋯⋯⋯⋯⋯⋯⋯⋯⋯⋯⋯⋯⋯⋯⋯ 190

🔒脅威 ファイルレス攻撃 ……………………………………………… 193

🔒脅威 サプライチェーン攻撃 ………………………………………… 194

🔒脅威 ドライブ・バイ・ダウンロード …………………………… 196

🔒脅威 水飲み場攻撃 …………………………………………………… 197

🔒脅威 フィッシング …………………………………………………… 199

🔒脅威 スパムメール …………………………………………………… 203

🔒脅威 DoS 攻撃／ DDoS 攻撃 ……………………………………… 203

🔒脅威 マルバタイジング（不正広告）……………………………… 205

🔒脅威 ゼロデイ攻撃 …………………………………………………… 205

COLUMN メールを開いただけで感染するの? …………………… 207

🔒脅威 マルウェア ……………………………………………………… 207

🔒脅威 ワーム …………………………………………………………… 208

🔒脅威 遠隔操作ウイルス ……………………………………………… 209

🔒脅威 トロイの木馬 …………………………………………………… 210

🔒脅威 バックドアプログラム ………………………………………… 211

🔒脅威 ランサムウェア（身代金ウイルス）………………………… 212

🔒脅威 アドウェア ……………………………………………………… 214

🔒脅威 ボットネット …………………………………………………… 215

🔒脅威 マクロウイルス ………………………………………………… 215

🔒脅威 スパイウェア …………………………………………………… 216

🔒脅威 スケアウェア …………………………………………………… 217

[6-2] Webサイトに対する脅威と対策 …………………………… 218

🔒脅威 SSL の未設定 …………………………………………………… 218

🔒脅威 WordPress 脆弱性 …………………………………………… 219

🔒脅威 クロスサイトスクリプティング …………………………… 221

🔒脅威 SQL インジェクション ……………………………………… 223

🔒脅威 OS コマンドインジェクション …………………………… 225

🔒脅威 クリック・ジャッキング …………………………………… 225

COLUMN セキュリティの高い CMS を活用しよう …………… 227

[6-3] 不注意が引き起こす脅威 ———————— 229

- 脅威 操作ミスによるデータ喪失 ———————— 229
- 脅威 遺失・紛失 ———————————————— 230
- 脅威 故障 ——————————————————— 233
- 脅威 メール誤送信 ——————————————— 236
- 脅威 廃棄 PC からの情報漏洩 ————————— 237
- 脅威 シャドー IT ——————————————— 238

[6-4] 人の心理を突いた攻撃 ———————————— 240

- 脅威 ソーシャルエンジニアリング ——————— 240
- 脅威 ショルダーハッキング ——————————— 242
- 脅威 なりすまし（スプーフィング） ————————— 242
- 脅威 企業恐喝 ———————————————— 244
- 脅威 ワンクリック詐欺 ————————————— 247
- 脅威 SMS メール詐欺 ————————————— 247

7章 スマホ／タブレット利用時の セキュリティ対策 ————— 249

[7-1] スマホ／タブレット利用時の被害例と対策 ——— 250

- 事例 広告を 1 回タップで高額請求 ——————— 250
- 事例 スマホアプリで個人情報が抜き取られる ——— 251
- 事例 スマホを紛失し個人情報が漏洩 ————————— 254
- COLUMN BYOD ———————————————— 255

[7-2] スマホ／タブレットをビジネス活用する際の注意点 ——— 256

- 基本 「携帯電話」ではなく「小型パソコン」という認識を持つ ——— 256
- 基本 紛失・盗難等による情報漏えいに気をつける ——————— 256
- 基本 機密情報・重要情報をクラウドに保存する場合の注意点 ——— 257
- 基本 不要なアプリケーションはインストールしない ——————— 258
- 基本 スマホを USB メモリ代わりに使わない ——————— 258

📘基本	パソコンの USB 端子で充電しない	258
COLUMN	電子タバコからウイルス感染?	259
📘基本	パソコン側で情報漏洩対策を実施する	260

[7-3] スマホ／タブレットのセキュリティ対策 ……… 262

📘基本	OS を最新状態にアップデートする（iPhone、Android）	262
📘基本	ウイルス対策ソフトを必ず導入する（iPhone、Android）	263
📘基本	パスワードを設定する（iPhone、Android）	264
🖥実践	紛失時に遠隔ロック・遠隔削除できるようにする	265
COLUMN	カメラの位置情報はオフにする	265
🖥実践	ブラウザの履歴、および履歴として残る ID・パスワードは削除する…	270
🖥実践	キャッシュ／ Cookie を削除する	272
🖥実践	コントロールセンターの「ロック画面」をオフに（iPhone）	273
📘基本	端末を暗号化・外部 SD カードを暗号化する（Android）	274
📘基本	提供元不明のアプリをインストールしない設定にする（Android）…	274
📘基本	セキュリティ対策ツールを導入する	275

8章 マイナンバー制度とセキュリティ対策 ……… 279

[8-1] マイナンバー制度の概要をつかむ ……… 280

📘基本	マイナンバー制度の基本	280

[8-2] 企業のやるべきことと心構え ……… 281

📘基本	収集時に気をつけること	281
COLUMN	扶養家族がいる場合の年末調整について	283
📘基本	利用・提供時に気をつけること	284
📘基本	保管時に気をつけること	285
COLUMN	個人情報保護委員会	286
📘基本	破棄時に気をつけること	287
COLUMN	ワンカード化	287

[8-3] 4つの安全管理措置 ———————————————— 288

[基本] 安全管理措置とは ————————————————————— 288

[基本] ①組織的安全管理措置 ———————————————————— 289

[基本] ②人的安全管理措置 —————————————————————— 291

[COLUMN] 動画でわかりやすくマイナンバーを解説 ———————————— 292

[基本] ③物理的安全管理措置 ———————————————————— 292

[基本] ④技術的安全管理措置 ———————————————————— 294

[COLUMN] パスワードの取扱いに関する注意とお勧めルール —————— 296

[COLUMN] 個人情報漏洩による罰則強化とサイバー保険 ————————— 297

9章　知っておくべきセキュリティ関連法 ············ 299

[9-1] 中小企業が知っておくべきセキュリティ関連法 ················ 300

[基本] ＩＴ社会に必要なルール —————————————————————— 300

[9-2] サイバーセキュリティ基本法 ———————————————— 302

[基本] サイバーセキュリティに関する総合的な施策 ———————————— 302

[基本] 国や地方、社会基盤事業者が主体となって対応する ————————— 302

[COLUMN] 情報セキュリティ対策9か条 —————————————————— 303

[9-3] 不正アクセス禁止法 ———————————————————— 304

[基本] 不正アクセスに該当する禁止事項の例 ———————————————— 304

[実践] 不正アクセスの防御措置 ———————————————————— 305

[COLUMN] 全国にあるサイバー犯罪、セキュリティ被害の相談窓口 ————— 306

[9-4] 刑法：ウイルス作成罪等 ———————————————— 307

[COLUMN] ウイルス作成罪の逮捕者 ———————————————————— 308

[基本] 電磁的記録不正作出及び供用罪 —————————————————— 308

[基本] 電子計算機損壊等業務妨害罪 —————————————————— 308

[基本] 電子計算機使用詐欺罪 ———————————————————— 308

[9-5] 個人情報保護法 309

📄 基本 個人情報とは 309

📄 基本 個人情報を取り扱う企業が該当 309

📄 基本 個人情報の取り扱いに対する注意点 310

📄 基本 個人情報保護法の一部改正 310

COLUMN マイナンバー法・番号法 311

[9-6] 迷惑メール防止法 313

📄 基本 対象となる電子メール 313

📄 基本 宣伝メールなどの送信ルール 313

[9-7] 電子署名法 315

📄 基本 電子署名とは 315

COLUMN EC サイト運営における注意点 317

[9-8] GDPR（EU 一般データ保護規則） 318

📄 基本 GDPR で実施すべきこと 318

📄 基本 厳しい罰則 319

[INTRO]
中小企業が狙われる!
セキュリティへの脅威と被害

はじめに、サイバーセキュリティ問題に突如として巻き込まれた、中小企業の生々しい被害事例をご覧ください。残念なことですが、中小企業の被害事例が後を絶ちません。あなたの会社も、突如として襲われる可能性もあり、決して他人事ではないのです。

 **被害事例** サプライチェーン攻撃 ////////////////////////////

> まずはサプライチェーン攻撃で、突如として大切な取引先を失ってしまった中小企業の事例です。

個人で SNS を利用している。SNS のプロフィールには職歴や会社のメールアドレス、誕生日などを掲載。周囲の友人達の近況情報をたまにチェックするくらいの利用頻度だった。

ある日、見知らぬ人から友達申請が届いた。どこかで会った気がするので、友達申請に応じた。個別にメッセージも届き数回やりとりをした。

出社すると朝一番に行う作業はメールチェック。PDF ファイルで「請求書」が届いた。「自分宛に請求書が届くなんて珍しいな」と不思議に思ったが、送信側がミスをした可能性もあるため、届いた請求書を開いてみたが、ファイルが壊れているのか開くことができなかった。

通常業務に忙殺されて過ごした数ヶ月後。自社との取引額がもっとも大きい大手企業が機密情報を盗まれたという情報が流れてきた。どうやら新商品の情報が流出したらしく、他国の企業から先行して同等の商品が出てしまったようだ。

大変なこともあるんだなと他人事に思っていたら、さらにその数ヶ月後、機密情報が漏えいした大手企業から、突如呼び出しを受けた。継続的にサイバー攻撃を受けていたという調査結果の分厚い報告書が目の前にある。

「どうやらうちの会社の機密情報が流出した原因は、あなたの会社からのサイバー攻撃によるもののようです。パソコンの中身を調査させていただきたい」

　あまりにも突然の出来事に、言っていることの意味がわからず混乱した。調査報告書によると、取引先企業である中小企業を踏み台にした**サプライチェーン攻撃**を受けた可能性があり、その踏み台の発端となった企業が自分の会社である可能性が高いということだった。

　まったく身に覚えのないことではあったが、可能性は否めないので訪問調査に応じた。その結果、自分のパソコンからサイバー攻撃を行っていた事実が判明した。パソコンが乗っ取られ、外部から操作できる**遠隔操作マルウェア**が発見されたのだ。

　その後、大手企業から一方的に業務契約解除の通達が届いた。もっとも大きな取引先からの信頼を失ってしまい、経営が急激に悪化した。

 **被害事例** 身代金ウイルス（ランサムウェア）//////////

> 続いて、身代金ウイルス（ランサムウェア）に感染し、データがすべて喪失した中小企業の事例です。

　朝、普段どおり会社に出社したＢ（48歳）は、パソコンの画面表示がおかしくなっていることに気づいた。シールド（盾）のマークとともに、英語表記で「あなたのパソコンのデータは暗号化されました。残り4日の間にビットコインで30万円支払えば、暗号化を解除するために必要な鍵を渡します──」

　時限爆弾の残り時間をカウントするように、「残り86時間31分27秒」と書かれたタイマーカウンターがどんどん減っていく。見たことのない現象に頭はパニックになった。すぐにパソコンの中にあるデータを確認する。今まで時間をかけて一生懸命作ってきたWordの社内文書やExcelでまとめていた取引先企業リスト一覧、元請会社から預かった設計図面データ、現場で撮影した写真データなどなど──すべてのデータに「.ecc」という身に覚えのない文字がついている。

　Wordの文書データを開いてみると、すべてのデータが文字化けして読め

なくなっている。

　事の重要性にはじめて気づいた B は、片っ端からデータを開いてみるものの、Word だけではなく、Excel、写真、図面データもすべて文字化け（暗号化）していて顔面蒼白に。

　ウイルス対策ソフトが最新状態になっていることを確認し、ウイルススキャンをかけてみたが、ウイルスらしきものは検知されない。

　ネットワーク上にあるハードディスク（NAS）にバックアップデータを保存していた。心配になって開いてみると、そのデータもすべて暗号化されていた。数年分のデータが**身代金ウイルス（ランサムウェア）**に感染し、すべてのデータが一瞬にして失われてしまった。

　専門家に問い合わせてみたが、「一度暗号化されてしまったデータの復元はほぼ不可能」との回答を受けた。

 **被害事例** 便乗詐欺によるパソコン乗っ取り ///////////

> 最後に、ネットサーフィンをしていて、突如パソコンが乗っ取られた中小企業の事例です。

　仕事の合間や、お昼休み中にネットサーフィンしながら最新の時事ニュース情報を追うのが好きな C（35 歳）は、いつものようにお弁当を食べながら、インターネットから最新の情報を収集していた。新型コロナウイルスが世界中に被害を拡大しているという記事を見つけた。
「世の中大変なことになっているなあ」と他人事のように思い、続けてネットで情報を追っていった。関連する情報をいくつも見ていると、新型コロナウイルスにまつわる裏情報という動画を見つけ、興味を持った。

　動画をクリックしても、まったく関係のない映像が流れるだけ。おかしいなぁ〜と思い、違うサイトを閲覧しようと引き続きネットサーフィンをしていると、いきなりデスクトップ上に保存してあったフォルダが目の前でどんどん開きはじめた。「うわ、まずい！」直感的にパソコンが乗っ取られてしまったと感じた C は、パソコンの電源をすぐに消し、電源コードを根元から抜いた。ドキドキする心臓の鼓動を抑えながら、すぐにパソコンに詳しい友人に相談した。

「お前のパソコン、乗っ取られているよ」

　ネットで情報を調べていただけなのに、まさか自分のパソコンが乗っ取られてしまうとは──。会社には「パソコンが壊れたので知人に直してもらいます」と伝え、ゼロから Windows をインストールしなおした。ようやく通常業務で使えるようになったがネットサーフィンをするのが恐ろしくなった。今は信用できる情報サイトからのみ、情報を収集するように自分の中にルールを作った。

＊　　＊　　＊

　これらは、いくつかの事実をもとに、中小企業がサイバー攻撃によって被害に遭遇した具体的な事例としてまとめたものです。

　大手企業や公的団体での情報漏えい事件などの情報被害はニュースやインターネットの記事などで報道されますが、中小企業のサイバー攻撃による情報被害はほとんど報道されません。

　大手企業と比較し、中小企業の情報被害は話題性や社会に与えるインパクトに欠けたり、対策方法がわからず泣き寝入りしてしまい、真相が表出化されにくいためです。

　一方、水面下では中小企業におけるサイバー攻撃による情報被害が多発しています。

【個人情報漏えい・紛失】奈良県の病院にて受診した患者の個人情報が保存された USB メモリを紛失。

【個人情報漏えい・不正アクセス】会員情報サイトを持つ企業がサイバー攻撃によりパスワードを含む個人情報約 3 万件を流出。ダークウェブサイト上で売買されていた。

【不正広告】正規の Web サイトに表示されたネット広告に不正プログラムが仕掛けられ、脆弱性のあるブラウザ経由で PC 乗っ取りを試みる不正広告（マルバタイジング）被害が発生。新型コロナウイルスの混乱に便乗し、攻撃者は新型コロナウイルス関連情報の掲載を謳い、マルウェア付きの広告を拡散した。

【データ喪失・身代金ウイルス】PC に保存されているデータを暗号化し、復元のために身代金を要求する被害が継続的に発生。社内のすべての端末

が暗号化された被害事例も登場。

【ネットバンキング・金銭被害】一時的に鎮静化していたネットバンキングの不正送金被害が 2019 年に激増。ワンタイムパスワードも破られる被害が発生。

【ネットバンキング・金銭被害】兵庫県の法人企業にて約 1 億円にものぼる不正送金被害が発生。

　「うちは小さい会社だし、狙われるわけがないから大丈夫」と他人事のように思っている中小企業の経営者が情報被害に遭遇すると、ほとんどの方が口にします。「まさか、うちが（情報被害に）遭遇するとは思わなかった」「もっと、会社にある情報の大切さに気づくべきだった」と。

　普段使っていたパソコンが、突然牙をむき、中小企業の経営に大きな爪あとを残すだけでなく、情報流出やお金の喪失による倒産リスクを持ち合わせていることに、被害に遭ってから気づくのでは遅すぎるのです。

　なぜこのようなことが起こるのか、どうすれば自社のパソコンやデータ、お金を情報被害から守ることができるのか。本書では、その原因と対策方法を追っていきます。

1章

セキュリティと
サイバー攻撃

あらゆるものがインターネットにつながる今日において、
インターネットを介したトラブルに遭遇する可能性は日に
日に高まっています——規模の大小、個人・企業に関わら
ずです。ここでは主に企業活動にとってのセキュリティの
重要性と、サイバー攻撃の変遷を紐解いていきます。

［1-1］
テレワーク時代の
セキュリティ

クラウドサービスの利用価値向上、IoE（Internet of Everything：すべてのモノやコトが
インターネットに結びつく）時代の到来、5Gに代表されるネットワーク回線スピードの向
上などによる技術革新に加え、突如として人類を襲った新型コロナウイルスの登場によ
るテレワークへの強制シフト－－社会インフラとしてのインターネット活用は今後ます
ます拡大していくことでしょう。当然、セキュリティ問題が表面化することは明らかです。
ここでは、活用の裏側に潜む、セキュリティ問題とそのリスクについてみていきます。

 基本 企業活動にとっての「情報」とは ////////////////

　企業経営にとって必要な4つの経営資源は、「ヒト」「モノ」「金」「情報」です。
特に最近では経営戦略上で「情報」を有効に活用し、差別化を図る企業が圧
倒的な勝ち組となっています。情報を上手に活用できない企業は「情報のガ
ラパゴス化」によって淘汰される時代であり、企業活動の上でも特に重要な
要素になっています。

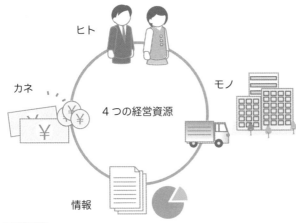

図1-1-1 4つの経営資源

基本 情報とコンピュータ //////////////////////////////////////

　個人情報や機密情報、経営情報や財務情報など、企業にとって価値のある情報のほとんどはコンピュータに蓄積されています。

　また、「インターネットバンキング」に代表されるように、お金のやりとりでさえ、すべてインターネットの端末画面上に表示される「数字情報」だけで済んでしまいます。この例からもわかるように、現金を自分の目で見る機会がどんどん減っています。「ビットコイン」に代表されるような仮想通貨の台頭に加え、消費増税の還元施策として、クレジットカードや電子マネー、QRコードを用いた決済に対して最大5%が還元される「キャッシュレス決済」が政府主導で推進されるなど、「お金＝情報」の流れは止まることなく、コンピュータ上に蓄積されていくことが当たり前の時代となりました。

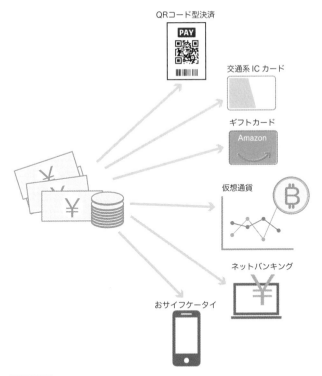

図1-1-2 お金のやりとりがデータ化

インフラの充実により高まる情報の価値 //////////

　情報の持つ価値は、インターネットの発展によってこれまでにないスピードでその重要性が高まっていきます。また、インターネット利用に不可欠なインフラがますます充実することによって、さらにその価値が高まります。たとえば通信スピードの加速化。光を使ったネット回線では、より安価な金額で 1G や 10G（ギガ）の通信を利用できるようになりました。スマートフォンに代表される移動型通信においては 4G から 5G へと移行。100 倍から1000 倍の通信スピード向上を見込めることが実験結果で明らかになっており、動画などの大容量データを扱う場合にも快適なインターネットサービス利用が可能になりました。街を歩けばコンビニやコーヒーショップ、あらゆる施設でフリー Wi-Fi を活用できるように整備され、いつでもどこでもインターネットに接続できるようになりました。もはやインターネット活用が当たり前で、それなしでは生活に支障を来すほどになりました。

　生活を支えるという点では、IoT（Internet of Things：モノのインターネット）、そしてさらなる発展系である IoE（Internet of Everything：すべてのモノやコトがインターネットに結びつく）時代へと進化。

　IoT 時代においては、世の中に存在するあらゆるモノに通信機能とセンサーがつき、インターネットに繋がります。たとえば、冷蔵庫やエアコン、テレビなどの家電製品を、スマホを使い、インターネット経由で制御できます。買い物中の主婦が出先にいながら自宅の冷蔵庫の中身を確認したり、「2 時間ぐらいで家に着くからエアコンをつけて涼しくしておこう」「家に着くタイミングでお風呂を沸かそう」といったように、スマホを使い、インターネット経由で家電の制御ができるようになります（スマートハウス）。

　IoE では、文字通り、身の回りのすべてがインターネットと繋がる時代。あらゆる媒体がインターネットを経由してビッグデータとして情報を蓄積し、AI がそれを分析して最適解を導き出して人間の活動を全面的に支援します。たとえばドローン宅配。荷物の受取人を位置情報により確認、自宅にいなくてもドローンが場所を特定し、精度の高い顔認証 AI により人物を特定した上で荷物を渡し、指定された荷受け場所に自動で戻っていく。IoE 時代となった近未来にはこのような状況が現実となることでしょう。

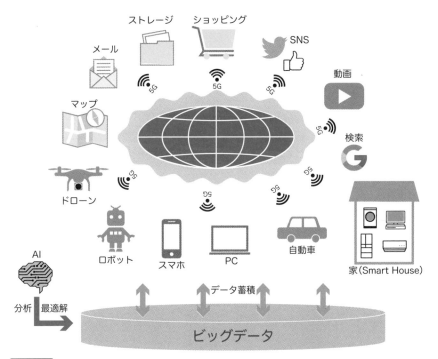

ストレージ　ショッピング
メール
SNS
動画
マップ
5G　5G　5G
5G
検索
ドローン　5G
5G
5G
家(Smart House)
ロボット　スマホ　PC　自動車
AI
分析　最適解
データ蓄積
ビッグデータ

図1-1-3 あらゆるものがインターネットに接続される時代の到来

　ビジネスにおいてはクラウドサービスの利用が当たり前に。インターネット環境さえあれば、いつでもどこで仕事ができるようになり、ナレッジの蓄積と共有が容易になったことで、ビジネス成果に繋がるスピードも早めています。特に中小企業においてはサーバを購入する必要もなく、少ない初期投資とコストで質の高いクラウドサービスを利用することができるようになり、システム活用のハードルが大きく下がりました。

項目	サービス例
バックオフィス	給与計算／経費精算／見積・請求書／決算／ワークフロー
HR・人事	面接／採用管理／労務管理／勤怠管理／人事評価／教育
マーケティング・セールス	SFA ／ CRM ／名刺管理／ CTI ／チャットボット
コラボレーション	グループウェア／ビジネスチャット／オンラインストレージ

図1-1-4 クラウドサービスの例

※SFA：セールスフォーオートメーション。営業支援システム
※CRM：カスタマーリレーションマネジメント。顧客管理システム
※CTI：コンピュータと電話の統合システム
※チャットボット：AIを活用した自動で会話するシステム

そして2020年に入り突如襲ってきたコロナウイルスが、我々の生活やビジネスなどの行動に強制変革をもたらしました。政府の緊急事態宣言発令に伴い、首都圏を中心とした対象地域の企業にはテレワークによる業務シフトの要請がありました。新型コロナウイルスの拡大を抑えるためにも全国民がステイホームを行い、外出や県を跨いでの移動を自粛。大手中小企業に関係なく、テレワークを前提としたビジネス設計が必要な状況になりました。

　自宅で仕事をするためのPC、スマホなどの端末の準備、社内環境にアクセスするためのVPNなどのインフラ環境の準備、オンラインミーティングの実施、社内外における情報共有のあり方の模索など、企業は短期間で急遽テレワーク準備を余儀なくされ、さらには仕事のあり方そのものをも変容を余儀なくされました。新型コロナウイルスによる感染ピークが過ぎ去った後のあり方として「アフターコロナ」「ウィズコロナ（with コロナ）」という造語が生まれ、コロナ以前と以後では生き方や働き方そのものが大きくパラダイムシフトしたといえるでしょう。

まとめ 時代の変容とサイバーセキュリティ問題

　お金のデジタルデータ化、インターネット活用による利便性の向上、AIやIoE、通信技術の発展、クラウドサービスの活用、そしてコロナウイルスによりテレワークへの強制シフト。蓄積される情報は、時代の発展とともにその価値をますます高めていくことでしょう。

　当然、それを狙う攻撃者（ハッカー）による「サイバーセキュリティ問題」は今後ますます増え続けます。故意・過失に関わらず内部の情報が漏えいしてしまう「情報セキュリティ問題」も、見過ごすことができない、大きな社会問題としてクローズアップされていきます。

　コンピュータウイルスによるデータの流出、データの破損や紛失による喪失リスク、インターネットバンキングの不正送金問題、身代金ウイルス（ランサムウェア）感染による経営活動の停止、情報漏えい問題により、かつて成功をおさめていた企業の赤字化、倒産……。
「情報価値」と「利便性」が高まるにつれ、いまだかつてないほどの「経営

リスク」となっているサイバーセキュリティ問題。中小企業にとっても、決して他人事ではないのです。むしろ大手企業ではなく、その取引先でありセキュリティが脆弱な中小企業を狙う「サプライチェーン攻撃」の登場により、攻撃者の矛先は中小企業に向けられはじめています。

　情報セキュリティとは「情報価値」と「利便性」、「経営リスク」のバランスを取りながら、経営資源である情報を上手に活用するために、あらゆる企業で必須となる取り組みといえるでしょう。

　では、経営資源の重要な要素の１つである「情報」を護るために、中小企業は具体的に何をすればいいのでしょうか。具体論に踏み込む前に「情報セキュリティ」について、言葉の定義を見ていきます。

［1-2］

セキュリティの基礎知識

ここでは、情報セキュリティの基本的な知識について言葉の定義を整理します。まずは情報セキュリティの概念と、言葉の意味合いを理解してください。

● ●

 基本 情報セキュリティとは何か //////////////////////////////

そもそも、情報セキュリティとは何でしょうか。一般的には、企業にとって重要な情報資産（物理的資産、データ資産、知的資産など）をサイバー攻撃や、内部からの情報流出、パソコンの破損による情報の喪失などの脅威から守ることを指します。

国際標準の定義として、JIS Q 27001（=ISO/IEC 27001）では、情報セキュリティを次のように定義しています。

> 情報の機密性、完全性及び可用性を維持すること。さらに、真正性、責任追跡性、否認防止及び信頼性のような特性を維持することを含めてもよい。

特に、「機密性」「完全性」「可用性」の 3 つを主要特性（それぞれの頭文字をとって情報セキュリティの C.I.A）と呼ぶこともあります。

機密性（confidentiality）

機密性を維持するとは、情報漏えいが起こらないように、許可されている人や許可されているパソコン、スマホなどの情報端末以外からは情報（データ）を使えない、閲覧できない、アクセスできないようにすることです。

たとえば、重要な情報が保存されている情報（データ）があるとします。A さん、B さん、C さん以外は情報にアクセスできないようにしたい場合、上記 3 名以外は情報に接続できない、見ることもできないような設定を施

すことが「機密性を高め、維持する」ことにつながります。

図1-2-1
機密性のイメージ

完全性（integrity）

　完全性を維持するとは、データの取り扱い権限を持たない人から情報（データ）が変更されたり、上書きされたり、消去されたり、改ざんされないようにすることです。たとえば、本来であればAさんしか取り扱い権限のない情報（データ）を、BさんやCさんが修正し、内容を勝手に変更してしまったり、誤って削除してしまうと、データの完全性が失われることになります。したがって、取り扱い権限のない人以外は情報（データ）を修正、変更、削除などができないように、しかるべき設定を施すことが「完全性を維持」することにつながります。

図1-2-2
完全性のイメージ

可用性（availability）

　可用性とは、事前に許可されたパソコンや人などから情報（データ）の利用を求められたときに、エラーやアクセス禁止などにならず、情報を利用できることです。これを「可用性を維持する」といいます。

　たとえば、Aさんが与えられた業務権限の範囲内で、修正や変更をしなくてはいけない情報（データ）にアクセスしようとした結果、「あなたにはアクセス権限がありません」とエラー表示が出て利用できない場合、それ以上の業務を進めることができず仕事が滞ってしまうことになります。そのため、正しく権限を与えられた人には正しく情報（データ）を扱えるようにアクセス権限を付与することが「可用性を維持」することにつながります。

与えられた権限内で
データ利用が可能

Aさん

Aさんに付与された権限
・修正 OK
・変更 OK
・削除 OK

修正可
変更可
削除可

図1-2-3 可用性のイメージ

　情報セキュリティを維持するとは、情報（データ）が主要特性である上記3つの要件をすべて満たした状態であることをいいます。上記3つのうち、いずれかが欠けている場合は情報セキュリティが維持されているとはいえないのです。

 基本 4つの情報セキュリティ特性 ////////////////////////

　基本的には「機密性」「完全性」「可用性」を満たすことで情報セキュリティは維持されるのですが、これら3つの特性から導き出される、4つの情報セキュリティの特性が「真正性」「責任追跡性」「否認防止」「信頼性」です。

真正性（authenticity）

　真正性を維持するとは、利用者や情報（データ）などが本物であることを確実に保証できることです。

　たとえば、パソコン─ Web サイト間でやり取りされる、インターネット上の通信データを暗号化し、何者かによるデータの盗聴や改ざんなどを防止することができる仕組みとして SSL（Secure Socket Layer）というものがあります。

　インターネット上で決済が必要なクレジットカード情報のやり取りや、インターネットバンキングなどのやり取りの際、Web サイトの URL の前に「南京錠マーク」がつき、「https://……」のように「http」の後に「s」がついているものを見たことがあると思います。この「s」は「Secure」を意味しています。

　これは、インターネット上でやり取りしているサイトが本物である、ということを第三者機関が保証しており、情報通信における安全性が確保できていることになり、「真正性が維持」されているといえます。

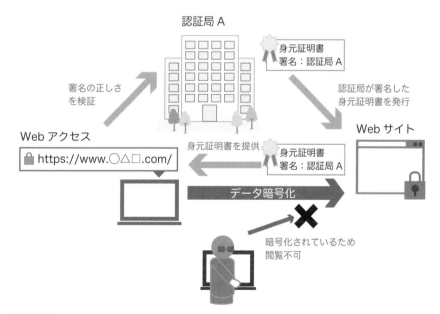

図1-2-4 SSLの仕組み

基本 責任追跡性 (accountability) ////////////

　責任追跡性を維持するとは、問題が発生した場合に、その問題の根元まで戻り、現象を追跡できることです。

　たとえば、重要な個人情報が入っているサーバ「A」の情報が、パソコン端末「B」から漏えいしたとしましょう。端末「B」にログインしたのは誰か、漏えいはいつ、何時何分に起こったのか、保存されていないはずの個人情報はどのように「B」を経由したのか、サーバ「A」にはログイン履歴があるか、それらがすべてログとして残っておりかつ追跡できる状況になっている場合は「責任追跡性が維持」されているといえます。

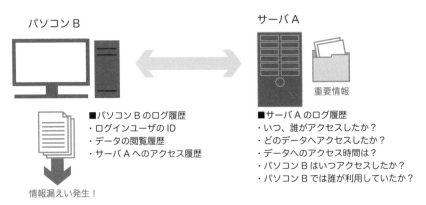

図1-2-5　「責任追跡性」とは履歴をもとに情報漏えいなどが追跡できること

否認防止 (non-repudiation)

　否認防止を維持するとは、情報の作成者が、作成データにデジタル署名などを付与することによって、作成した事実を後から否認できないようにすることです。

　インターネットなどで商品を購入（利用）した場合、購入（利用）事実を否定できないように、証拠を残しておくことにも当てはまります。

　たとえば、Aさんが、自分が発行した文書に、Aさんの秘密鍵を使ってデジタル署名をしました。

　その文書をBさんに送った際に、BさんはAさんの公開鍵を使って、中身を確認しました。

　このように、Aさんの文書であることが「Aさんの秘密鍵」と「Aさんの公開鍵」を用いて正しく証明できた場合、「否認防止が維持」されているといえます。

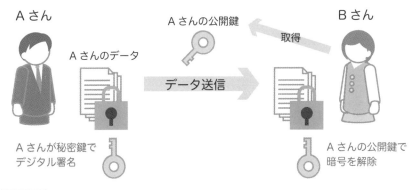

図1-2-6 秘密鍵と公開鍵のしくみ

信頼性（reliability）

　信頼性を維持するとは、システムなどが故障やおかしな振る舞いをすることなく、意図したとおりに利用できることです。

　たとえばサーバのハードディスクを二重化（RAID1）することで、1つのディスクが故障してももう片方のディスクが稼動しているため、システムを停止させることなく、継続的に利用できる、ネットワークを二重化することで、どこかのネットワーク機器が故障しても、代替ルートを経由してネットワークが停止されることなく稼動を続けることができる場合、「信頼性が維持」されているといえます。

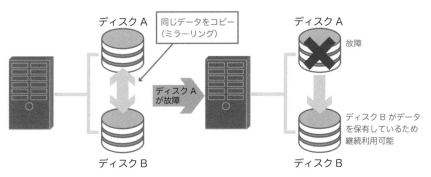

図1-2-7 信頼性の例。RAID1によるミラーリング

なお、「可用性」はシステムを利用する側（ユーザ）の言葉であり、「信頼性」はシステムを提供する側（システム担当者など）の言葉と解釈すれば、わかりやすいと思います。

RAID1

　RAIDとは、コンピュータに接続している複数のハードディスクを1つのドライブとして制御、管理する技術。1台のハードディスクが破損したとしても、他のハードディスクにデータが残っているため、データの信頼性が高まる。RAID1は同一のデータを2台のハードディスクに書き込むことで、一方のディスクが故障しても、もう一方にデータが残っている。そのためデータの損失防止に役立つ。

 木桶の理論 //

　情報セキュリティに対する対策は、全体的に、かつ網羅的に取り組む必要があります。これはしばしば「木桶の理論」に例えられます。いくら大きな木桶を作ったとしても、たった1箇所が低いだけでそこから水が流れてしまい、一番低い箇所の水位（レベル）が全体の水位（レベル）になってしまうということです。

　たとえば、PC端末のセキュリティをしっかりと強化していたとしても、お客様の個人情報が入っているスマートフォンのセキュリティが脆弱で、パスワードすらかけていない状態であれば、紛失した時点で情報漏えいに繋がってしまいます。インターネットの出入り口をファイアウォールやUTMで強化したとしても、社内で利用している無線LAN（Wi-Fi）が脆弱であれば、そこから内部情報にアクセスされてしまいます。内部のセキュリティをしっかりと固めたとしても、Webサイトが脆弱でハッキングされれば、信頼失墜に直結するかもしれません。

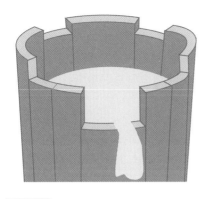

物理セキュリティ

ルール・規程

ネットワーク

スマホ

パソコン

サーバ

WEBサイト

図1-2-8 セキュリティは木桶の理論。低きに流れる

 基本 不正のトライアングルと情報漏えい ////////////

　サイバー攻撃や、内部社員や退職間近の社員による情報漏えい事件はなぜ起こるのか。会社の情報セキュリティに携わる経営者や担当者は、その背景を心理学的にも理解しておく必要があります。その1つに「不正のトライアングル理論」があります。これは、不正が起こるメカニズムとしては①動機、②機会、③正当化の3つがすべて揃った時に引き起こされるという理論です。

　たとえば、アンダーグラウンドサイトで売却した場合、高く取り引きができるような顧客データがあるとしましょう。普段は通常業務で利用するだけの情報ですが、何かしらの理由でお金に困っている人（A氏）の目に留まったとします。「お金に困っていた」ということが、A氏にとっての①動機になります。

　A氏が夜、残業していました。ふと周囲を見回すと、自分1人だけが職場にいることに気づきます。高額で売れる顧客データが保存されているサーバにはアクセス制限がかかっておらず、誰でも閲覧できる状態にあります。ログ管理なども行われていません。このような状態が情報を盗み出す「②機会」になります。

　通常であれば思いとどまるかもしれません。しかし、A氏には「お金に困っている」という理由（動機）があります。そこで良心の呵責が始まります。「ここでお金に換えないと自分がもっと大変なことになる」「情報はコピーするだけ。お金を盗んだわけじゃない」「周りにはバレない。大丈夫」──こうして自らの行動を「③正当化」し、良心の呵責を乗り越えて行為に及んで

しまうのです。

　この場合、企業としてコントロールできるのは「②機会」を仕組み上で抑えることになります。「①動機」や「③正当化」は、A氏の内面的な心理状況なのでどうすることもできません。「②機会」を与えない環境を作ること。今回のケースであれば

・社内にセキュリティカメラを取り付ける
・顧客データなどの重要情報にはアクセス制限をかける
・サーバの保管場所は鍵をかけて物理的な持ち出しを不可にする
・ログ管理が行われ、常に監視の目がある状態にする

などの環境を整えることで、今回のような問題が起こりにくい状況を作るのです。

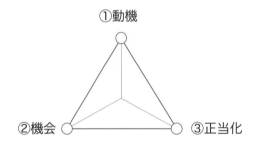

図1-2-9 不正のトライアングル理論。3つの条件が揃った時に不正が
　　　　　　引き起こされる可能性が高まる

[1-3]
企業が守るべき
情報資産の種類

情報セキュリティで企業が守るべき情報には「物理的資産」「ソフトウェア資産」「知的資産」「紙媒体情報」「電子情報」「評判・イメージ」といったものがあります。企業が守るべき情報資産を洗い出し、これら情報が適切に守られる状況にあるのかをチェックすることが重要です。

実践　情報資産を洗い出す

　中小企業経営者の中には「うちには盗まれて困る情報はない」という方がいますが、本当にそうでしょうか？　たとえば現金は「物理的資産」の1つですし、インターネットバンキングの預金口座情報は「電子情報」の中にある情報資産です。

　物理的資産である「パソコン」が丸ごと盗まれたら、次の日から仕事ができなくなり、業務が停止する可能性もあります。会議でまとめた議事録や営業日報、お客様とやり取りしたメール情報、お客様からの問い合わせ履歴など、業務を進めていくと、必然的に重要情報が蓄積されていくものです。「万が一喪失したり、盗難や情報漏えいに遭遇したらどのような損失があるのか」ということを想像しながら、情報を洗い出してみましょう。

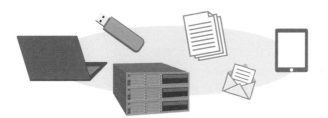

図1-3-1　さまざまな情報資産

情報の洗い出し（例）

物理的資産
□パソコン
□スマホ
□タブレット
□サーバ
□ルータ
□無線LAN
□メモリ（USB、SDカード）
□外付けHDD
□現金

紙媒体情報
□経営計画書
□決算書
□個人情報（顧客情報等）
□マイナンバー記載情報
□源泉徴収票
□就業規則
□マニュアル
□契約書
□見積書
□企画書
□情報提供ツール
□チラシ
□DM
□FAX等

ソフトウェア資産
□業務用ソフト
□販売管理ソフト
□給与計算ソフト
□ウイルス対策ソフト等

知的資産
□技術ノウハウ
□営業ノウハウ
□業務フロー
□人が有する知識や技術情報、無形情報

電子情報
インターネットバンキング
個人情報（顧客情報等）、
ユーザアカウント（ID）
パスワード
管理ログ
電子化されたデータ全般

評判・イメージ
企業情報
信用情報
レピュテーション（評判・風評）情報
ブランド価値
のれん
お客様の声
インターネット掲載情報（掲示板、HP、SNS、ブログ等）

　ざっと挙げるだけでも、守るべき情報資産はこんなに多くあります。

　守るべき情報資産を洗い出したら、これらの情報を誰が管理するのか、役割と責任を明確にして社内の体制を整えましょう。

基本 情報資産の保管場所を特定する //////////////////

　情報資産を洗い出したら、次は場所の特定です。洗い出した情報資産は大きく「紙媒体」「電子データ」に分類されます。これらがどこに保管されているのかを整理します。

　たとえば経営計画書であれば「紙：経営情報キャビネット」「電子データ：社長並びに幹部PC／業務用サーバA」、個人情報（お客様情報）であれば「紙：キャビネットB」「電子データ：顧客管理システムサーバ」などと整理していきます。保管場所が複数ある場合は、情報漏えいなどが起こる可能性を把握するために、複数の場所を洗い出します。

紙情報			
内容	保管場所	機密度	重要度
経営計画書・営業計画書	経営情報キャビネット		
決算書	経営情報キャビネット		
個人情報（お客様情報）	キャビネットB		
個人情報（社員情報）	人事用キャビネット		
マイナンバー記載情報	キャビネットB		
源泉徴収票	経理情報ロッカー		
就業規則	人事用キャビネット		
各種業務マニュアル	人事用キャビネット		
契約書	経理情報ロッカー		
見積書	経理情報ロッカー		

電子（データ）情報			
内容	保管場所	機密度	重要度
業務システム内情報	業務サーバA		
販売管理システム内情報	業務サーバA		
給与計算システム内情報	業務サーバA		
顧客管理システム内情報	業務サーバA		
技術ノウハウ情報	ファイルサーバ1		
業務フロー	ファイルサーバ1		
電子メールでの顧客とのやり取り	メールサーバ		
	個人貸与パソコン		
提案依頼書（RFP）	ファイルサーバ1		
	個人貸与パソコン		
ユーザアカウント（ID情報）	ユーザ管理サーバ		
パスワード情報	ユーザ管理サーバ		

図1-3-2 情報資産の管理場所を特定する（紙情報と電子データ）

基本　情報資産に優先順位をつける //////////////////////////

　次はもっとも大切なプロセス、情報資産に優先順位をつけます。優先順位をつける方法にはさまざまなものがありますが、ここではわかりやすく「機密度」と「重要度」の2軸で分類します。

　「機密度」とは情報が漏えいすると経営インパクトが大きいもの、「重要度」とは紛失や改ざん、喪失により経営インパクトが大きいものです。それらをインパクトの度合いに応じて「高」「中」「低」にそれぞれ分類します。

　「高」は倒産や廃業の可能性がある、社会的に制裁を受ける可能性がありお詫びが必要、対策に多大な業務工数やお金が発生する、顧客からの信用が激減する、他人に絶対に知られてはいけない情報などです。

　「中」は倒産や廃業には至らないものの、ステークホルダーにお詫びが必要、対策に業務工数やお金が発生する、他人にできるだけ知られてはいけない情報などです。

　「低」は上記以外で、漏えいや改ざんなどが起こっても経営インパクトがさほど大きくない情報です。

紙情報			
内容	保管場所	機密度	重要度
経営計画書・営業計画書	経営情報キャビネット	高	高
決算書	経営情報キャビネット	高	中
個人情報（お客様情報）	キャビネットB	高	高
個人情報（社員情報）	人事用キャビネット	高	高
マイナンバー記載情報	キャビネットB	高	高
源泉徴収票	経理情報ロッカー	中	中
就業規則	人事用キャビネット	中	中
各種業務マニュアル	人事用キャビネット	中	低
契約書	経理情報ロッカー	中	低
見積書	経理情報ロッカー	中	低

電子（データ）情報			
内容	保管場所	機密度	重要度
業務システム内情報	業務サーバA	高	高
販売管理システム内情報	業務サーバA	高	高
給与計算システム内情報	業務サーバA	高	高
顧客管理システム内情報	業務サーバA	高	高
技術ノウハウ情報	ファイルサーバ1	高	高
業務フロー	ファイルサーバ1	中	中
電子メールでの顧客とのやり取り	メールサーバ	高	中
	個人貸与パソコン		
提案依頼書（RFP）	ファイルサーバ1	中	中
	個人貸与パソコン		
ユーザアカウント（ID情報）	ユーザ管理サーバ	高	高
パスワード情報	ユーザ管理サーバ	高	高

図1-3-3 情報資産に優先順位をつけていく（紙情報と電子データ）

 基本 最悪の事態と回避方法を想定する //////////////

　優先順位をつけた中で「機密度」「重要度」ともに「高」の情報をさらに抽出し、「最悪の状態になったらどうなる」かを想定します。たとえば「電子データ」として「顧客管理システム」内に保存されている「顧客情報（1万件分）」が何らかの形で情報漏えいし、世間に知れ渡ることになる事態が発生したとします。最悪の事態を想定してみましょう。

　「漏えい事実を公的機関（個人情報保護委員会）に報告、新聞記事やメディアに掲載される、流出者にお詫びとして500円分のクオカード＋送料、莫大な対策費用（原因究明調査：フォレンジック、訴訟費用、情報漏えい対策強化（セキュリティ強化）費用、苦情窓口の設置費用など）、クライアントからの取り引き停止による損失、風評被害、SNSによる蔓延、社員の精神的苦痛、離脱。倒産」

区分 紙・データ	機密度・重要度が 高い情報	最悪の状態になったら どうなる？	回避するために できることは？
紙・データ	個人情報 （お客様情報）	1万件アカウント紛失で新聞記事掲載、世間にお詫び、流出者に500円クオカード、莫大な対策費用	取り扱い場所や扱える人を特定し、半年に一度の頻度で適切に保管されているかを監査する、年一回教育機会を作る
データ	インターネット バンキング	不正送金被害で資金繰りが難しくなる。銀行とのやり取りや、お客様に資金事情を伝える工数、倒産	バンキング利用端末は専門端末とする。銀行からいわれた対策を漏れなく行う、不要にメールを開封しない
紙・データ	マイナンバー 記載情報	漏えい事実を公的機関に届け出、社員などへのお詫び、マスコミに漏えい事実が発覚し、紙面を賑わす、世間からの批判	取り扱い規定を明確にする、取り扱い場所や扱える人を特定し、半年に一度の頻度で適切に保管されているかを監査する

図1-3-4 機密度、重要度共に「高」の情報被害に遭遇した場合に起こりうる、最悪の状態を想定してみる

　いかがでしょうか？　情報漏えいを起こすと、このようなことが現実的に起こりうるのです。

　最悪の事態を想定する理由は、セキュリティ問題の認識を「他人事」から「自分事」に変えるためです。「これはまずい」と自分自身のことと捉えない限り、なかなか行動に移せないため、起こり得る可能性を身近なこととして捉え直すことが重要になります。

　その上で「回避するためにできること」をまとめます。たとえば今回のケースの場合、「取り扱い場所の特定、情報を扱える人員の特定、ログを取得し1回／月チェック、顧客情報の取り扱いルール設定と通達、USBメモリやスマホへの保存の物理的禁止、個人使用のクラウドストレージなどの利用禁止、外部からのサイバー攻撃による乗っ取り対策強化、社員教育（1回／年）」などです。

　上記を社内プロジェクトとして取り入れることで、情報セキュリティの重要性を再認識できるはずです。ぜひ取り組んでみてください。

[1-4]

サイバー攻撃とは

連日のように新聞やニュース、インターネット記事で報道される情報漏えいなど、情報に関する事件や事故。これらはどのようにして起こるのでしょうか。サイバー攻撃とは何で、いったい誰が行っているのでしょうか。

 基本 サイバー攻撃の手口 ////////////////////////////

　サイバー攻撃とは、攻撃者が、標的とする、あるいは無作為に抽出したコンピュータに不正に侵入し、コンピュータ技術を駆使して情報の抜き取りや破壊活動、金品搾取などを行う活動全般のことです。具体的な手口としては、以下のようなものがあります。

メールによる攻撃（→193、199、203ページなど）

　大量のメールを対象者に送付する、巨大なデータ容量の添付ファイルを送付する、ウイルスなどを添付したメールを送付する、偽の Web サイトの URL をメールに貼り付け、送付する（**フィッシング**）など

ホームページ乗っ取り（→196、218〜227ページなど）

　脆弱性のある Web サイトに侵入する、Web サイトの内容を改ざんする、悪意のあるプログラム（**マルウェア**）を仕込む、標的となる相手が Web サイトを閲覧した場合のみ、悪意のあるプログラムをダウンロードさせる（**ドライブ・バイ・ダウンロード、水飲み場攻撃**）、広告サーバを乗っ取り、広告表示とともに悪意のあるプログラムを仕込む、など

パソコン乗っ取り（→209、211、215ページなど）

　パソコンにバックドアを仕込み、いつでも出入り可能にする、遠隔操作可能にする、他の端末を攻撃する（**ボット**化）、乗っ取ったパソコンで一斉に攻撃をする（**DDoS攻撃**）、同じネットワーク内の端末の管理者権限を取得する、重要情報や機密情報を盗む

 基本　サイバー攻撃の主体 ///////////////////////////////

　このようなサイバー攻撃は、いったい誰が行っているのでしょう。

①愉快犯……**自分の能力を誇示したい・スキルを試してみたい**

　コンピュータに関する基本的なハードウェアスキルやプログラミングスキル、ネットワークスキルを身につける。すると、自分がどの程度の知識を得ることができたのか自分の実力を試したくなり、インターネット上にあるウイルス作成サイトからソフトウェアをダウンロードしてウイルスを作ったり、インターネット上で脆弱性のあるサイトを見つけて実際に侵入を試したくなります。自分の実力を試して、侵入などに成功すると喜びを感じる。これが愉快犯です。パソコン遠隔操作による誤逮捕事件（83ページ参照）が起こりましたが、自分の実力を社会的に認めてもらいたくて犯行に及ぶケースもあります。

　情報の盗難や金銭の搾取が目的ではなく、自分一人で喜ぶケースが多いため、社会的に大きな被害を被るケースが少ないのが特徴です。

②テロリスト……**政治的な示威を意図し、国家レベルで脅しをかける**

　社会通念では理解しがたい信念を持ち、自分たちの要求を通すためにあらゆる手段を使って国家、組織などに脅しをかけるのがテロリストです。最近ではサイバー攻撃を行い、Webサイトなどの改ざんを行うことで自分達の示威を誇示するケースも見受けられます。実際に日本も被害に巻き込まれており、中東の社会的テロ組織ISIS（イスラム国）からの攻撃を受け、日本のフットボールクラブチームや観光業を行っている法人企業、公的団体などが被害に遭遇しています。

図1-4-1 フットボールクラブチームのWebサイトがテロリスト
の攻撃を受け、乗っ取られる

f.image.geki.jpより

③産業スパイ……企業の情報システムに侵入し、機密情報を奪ったり、データの破壊を行う

　競合企業などが保有する機密情報、営業情報、技術ノウハウなどを入手することを目的とし、何らかの形で企業に侵入、情報を奪おうとするのが産業スパイです。外部からの不正アクセスだけとは限りません。中には機密情報を奪うことを目的として入社をするケースや、会社に対する恨みを持つ社員が情報を競合他社に売ったり、退職時に情報をごっそり持ち出して手土産として他社に移ったり、独立して顧客を奪いにいったり、ノウハウや技術をそのまま流用するケースもあります。

　サイバー犯罪による産業スパイは大手企業を直接狙うケースが多いと思われがちですが、最近では大手企業と取引があり、かつセキュリティ対策が脆弱な中小企業にターゲットを拡大しているケースも見受けられます。

④金銭強奪犯……インターネットバンキングの不正送金や、データを暗号化し、身代金を要求するなど、直接的に金銭を搾取する

　インターネットバンキングの利用者が増えてきました。銀行やコンビニに行かずとも、振り込みや支払いなどが手持ちのパソコン、スマホでできるのでとても便利です。個人の活用だけではなく、法人の活用も増加している一方で、不正送金による被害が相次いでいます。銀行を騙ったメールを送りつけ、記載されている URL をクリックすると不正サイトに誘導され、ID やパスワードを抜き取る手口（フィッシング）、パソコンにウイルスを侵入させ、

ID やパスワードを抜き取ったり、正規の銀行サイトに利用者が訪問するタイミングを見計らい、偽の画面を表示させてログオン情報を奪う手口、さらにパソコンにウイルスとして侵入した後に、自分の形態を変異させウイルス対策ソフトでは見つけられないようにする手口まで登場しています。犯罪者としては銀行口座から直接お金を抜き取るので、機密情報を搾取し売買するよりも、手っ取り早く現金を手に入れることができます。特にパソコンスキルの低い地方の中小企業が被害に遭っているため注意が必要です。

　身代金ウイルス（ランサムウェア）による被害も拡大しています。パソコンに入っている Word や Excel ファイル、写真や動画データ、図面情報などをのきなみ暗号化し、復元させるためには復号化の鍵が必要として、仮想通貨であるビットコインで 5 万円〜 30 万円支払うことで復号化のための鍵を渡すといった、データを人質にして身代金を要求する手口です。慌ててお金を支払ってもデータの復元はほぼ不可能です。ビットコインで支払わせようという手口は、マネーロンダリング（資金洗浄）の新たな手口として今後も猛威を振るう可能性があります。

⑤反社会的組織……恐喝や脅し、ゆすりなどで金銭を巻き上げる犯罪組織がサイバー犯罪を活用するケース

　企業から機密情報や個人情報など、世間に公開されては困るような情報を何らかの形で搾取し、情報返却の条件として、金銭を要求する手口です。たとえば中小の製造業を営む経営者であれば、元請企業から情報漏えいさせてはいけないような機密情報を預かっているケースもあります。しかしながら、情報システムのセキュリティ対策が甘く、標的型攻撃などで情報システムの脆弱性を突かれてしまい、犯罪者の手に機密情報が渡ってしまうケースがあるのです。

　情報を人質にとるという点では身代金ウイルスに似ていますが、**直接人が電話などで脅してくる**点が異なります。社会経験が浅く、正しい対処方法を知らない場合は脅しに屈して金銭を支払ってしまうケースもあるようです。金銭を支払い、USB メモリなどに保存されている情報が手元に戻ってきたとしても、数ヵ月後に同じように脅しの電話がかかってくることもあります。注意が必要なのは「**データは簡単にコピーができる**」ということです。何度も同じ手で狙われてしまう可能性があるのです。

⑥社内犯罪……会社に怨恨を持つものが情報流出を起こしたり、情報を売る目的で社内の情報を盗む。会社の身内によるサイバー攻撃

情報漏えいは、内部からの犯行（犯罪）によるものが多いのが現状です。教育ビジネスを展開している大手企業（ベネッセ）の情報漏えい事件は、個人情報データベースにアクセスできた内部のシステムエンジニアによる犯行です。堅牢なセキュリティ対策を施していましたが、パソコンとスマホをUSB ケーブルで接続すると個人情報を抜き取ることができる、というシステム上の脆弱性が突かれました。外部からの通報によって情報漏えいが起こっていることが発覚。史上最大の名簿数が情報漏えいしたことに加え、子供情報の漏えいということもあり、日本だけでなく、世界でも大きく取り上げられた事件となりました。

日頃から会社や上司に怨恨を抱いたものが退職と同時に内部情報を持ち出し、競合他社に持参したり、顧客情報を持ち出し、名簿業者に転売するケースもあります。

内部犯行は、会社の金銭面、処遇面、上司との折り合いに不満を持つ一般社員や、パートナー企業、短期契約のパートやアルバイト社員や、システム関連従事者など、どこでも起こりえます。USB メモリやスマホのメモリに情報を保存し、誰にも見つからずに機密情報を簡単に持ち出すことができるため、心理的な障壁も低くなっています。

📖 **まとめ** サイバー攻撃は他人事ではないと認識する ///////

サイバー攻撃による被害は、いつでも、どこでも起こりえる可能性を秘めています。

業務においてコンピュータとインターネットの活用が当たり前の時代。サイバー攻撃に巻き込まれるのは決して他人事ではないことに注意してください。

[1-5]

サイバー犯罪の遍歴

サイバー攻撃による被害が連日のようにニュース記事になる現在ですが、そもそもサイバー犯罪はどのような遍歴を辿ってきたのでしょうか。歴史を紐解いてみると、現在のサイバー攻撃の原型はすべて、過去のノウハウの積み上げであることが見えてきます。

 基本 インターネットの仕組み //////////////////////////////

　インターネットは、軍事目的でその研究開発が始まったのが発端といわれています（アメリカで 1960 年代に実施された「ARPANET 計画」がインターネットの先駆けとなった研究開発。当時はロシアとの冷戦期間真っ只中で、熾烈な技術競争が繰り広げられていました。なお、世界初の有人月面着陸を行ったアポロ計画も 1960 年代でした）。戦争で他国に勝利するためには、「最新の情報をいち早く入手する」ことが重要であることはいうまでもありません。今ほど通信技術が発展していなかった時代に求められたのは「通信網が破壊されたとしても、自動的に迂回して正しく情報が届くこと」でした。仮に A から B を経由し、C に情報を届けようとした場合、B の通信網がミサイルなどで破壊されてしまうと情報が届きません。そこで、B が破壊されたとしても、自動的に迂回路（D）を経由し、正しく C に情報が行き届くような通信網が求められていたのです。

 KEYWORD

ARPANET計画
　アメリカ国防総省の高等研究計画局（Advanced Research Projects Agency）が資金を提供して行われた、パケット交換技術を用いた通信網の研究開発計画。

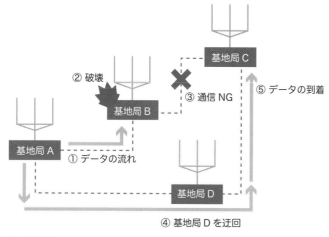

図1-5-1 データの迂回

KEYWORD

TCP/IP

　インターネットや社内のコンピュータネットワークなどで標準的に利用される通信プロトコル（通信手順）のことで、TCP（Transmission Control Protocol）とIP（Internet Protocol）を組み合わせたものの総称。IPは複数のネットワークをつないで相互に通信するプロトコル。「IPアドレス」は「Internet Protocol」上でやり取りするために一意に定められた住所（アドレス）のことを指す。TCPはIPを用いた通信に対して、信頼性を高めた通信を可能にするためのプロトコル（107ページ参照）。

　どこかに障害が発生しても、全体としては滞りなく通信が継続できる仕組み、これがインターネットの通信技術です。その後 ARPANET 計画は、通信網を世界に拡大していきます（NATO 加盟国であるイギリスやノルウェーなどが参加を表明）。1983 年には、インターネットの住所である IP アドレスで有名な TCP/IP プロトコルを ARPANET として正式採用。閉じられたコンピュータシステムが、世界に開かれたネットワークを介したコンピュータシステムとして変容を遂げました。

スパムメールの原型となった「クリスマスワーム」

　そして、ネットワークの拡大に伴い、コンピュータシステムに対してネットワーク（電子メール）を介して、1987年に初めて攻撃が行われました。クリスマスカードを模した電子メール型ウイルス「クリスマスワーム」です。

　1987年12月。IBMの社内、並びに学術機関とつながっていたネットワークを介して、テキスト文字型のクリスマツツリーが表示されたクリスマスカードが電子メールで届きました。電子メールが届いた人は特に疑うこともなく、電子メールを開封。すると、開封した人の端末に登録されているすべての電子メールアドレス宛に同様のメールを勝手に送付したのです。電子メールの情報がネットワークに氾濫し、回線が接続しにくい状況に陥りました。電子メール型ウイルスは、現在のスパムメール・迷惑メールの原型ともいえます。ネットワークを媒介として感染を拡大させたこのウイルスには、現在のサイバー攻撃の元となるさまざまな手法が網羅されていました。

①「クリスマスカード」を「12月」に送付するという手段を使い開封率を高める、人の心理を突いた**ソーシャルエンジニアリング型**であった

②「クリスマスカード」と偽って、開封者の意図しない行動を勝手に行う**トロイの木馬型**であった

③電子メールを介してネットワーク回線に大量にメールを送り、回線をパンク寸前まで追い込んだ**DoS攻撃型**であった

④既知の宛先から届いたメールであり、受信者を信用させてメールの開封に誘う**標的型攻撃**の原型であった

⑤自分を次々に複製し、自己増殖を図る**ワーム型**であった

```
/********************* /
/*    LET THIS EXEC    * /
/*                     * /
/*       RUN           * /
/*                     * /
/*       AND           * /
/*                     * /
/*     ENJOY           * /
/*                     * /
/*     YOURSELF!       * /
/********************* /
'VMFCLEAR'
SAY '              *                    '
SAY '              *                    '
SAY '             ***                   '
SAY '            *****                  '
SAY '           *******                 '
SAY '          *********                '
SAY '        *************        A'
SAY '          *******           '
SAY '        ***********          VERY'
SAY '      ***************        '
SAY '    *******************      HAPPY'
SAY '        ***********          '
SAY '      ***************        CHRISTMAS'
SAY '    *******************      '
SAY '  ***********************    AND MY'
SAY '    *****************        '
SAY '  *********************      BEST WISHES'
SAY '  ***********************    '
SAY '*****************************  FOR THE NEXT'
SAY '          ******            '
SAY '          ******             YEAR'
SAY '          ******            '
/*    browsing this file is no fun at all
      just type CHRISTMAS from cms */
```

図1-5-2 クリスマスワームのイメージ

http://computervirus.uw.hu/より

✏ **COLUMN**

世界初のウイルス

　クリスマスワームはネットワークを介して感染が拡大したウイルスですが、実はその一年前（1986年）に、世界初のウイルスといわれているBrain（ブレイン）が登場しました。自社のソフトウェアを不正にコピーされることに警告を出すプログラムでしたが、後にデータを破壊するコードが付加されていました。

基本 セキュリティパッチの登場 /////////////////////////////

さらに翌年の1988年にモーリス（Morris）ワームが作られ、拡散。

ネットワーク経由で感染するワームとして猛威をふるい、当時のARPANETに接続されているコンピュータ端末の10%にあたる6,000台もの端末が被害に遭遇し、サービス不能に陥りました。メール配信システムである「sendmail」の脆弱性を突いた攻撃で、脆弱性をふさぐソフトウェア修正プログラムである「セキュリティパッチ」の概念が登場したのもこの頃です。この事件をきっかけに、コンピュータセキュリティに関する概念が登場し、アメリカでCERT/CC（Computer Emergency Response Team/Coordination Center）が誕生しました。

 **KEYWORD**

sendmail

インターネットで電子メールを送受信するために利用されるサーバ用ソフトウェアのこと。メールサーバ用ソフトウェアとして世界でもトップシェアを誇る。sendmailのメール送信にはSMTP（Simple Mail Transfer Protocol）が使われている。

COLUMN

日本のサイバーセキュリティ団体

日本には一般社団法人JPCERTコーディネーションセンター（JPCERTコーディネーションセンター、英: Japan Computer Emergency Response Team Coordination Center、略称：JPCERT/CC）という名称で存在しています。コンピュータセキュリティの情報を収集したり、注意喚起を促したり、脆弱性対策情報を提供したりと、日本のサイバーセキュリティ問題全般を扱う団体です。IPAがセキュリティ分野を含むIT全般の施策を担っているのに対して、JPCERTはセキュリティ問題に特化しています。重要な情報を網羅しているので、常時チェックすることをおすすめします（https://www.jpcert.or.jp/）。

基本 ランサムウェアの登場 //////////////////////////////

　1989 年には、データを暗号化して人質とし、暗号解除のためには指定口座への振り込みが必要である、と脅しをかけるランサムウェア（身代金ウイルス）「PC Cyborg（ピーシーサイボーグ）」が登場しました。データ破壊型のウイルスであり、かつ直接的に金銭を要求するウイルスとしては世界初でした。国際エイズ学会参加者 2 万人の名簿に対し、「エイズウイルス情報入門」と書かれたフロッピーディスクを直接郵送。フロッピーディスクを PC に挿入し、立ち上げるとデータが暗号化されるウイルスに感染しました。ここでも人の心理を突く「ソーシャルエンジニアリング」の技術が悪用されており、またトロイの木馬型のウイルスとして、実際にフロッピーディスクのラベルに貼り付けられた情報とは異なる振る舞いをしました。

 基本 インターネット人口の増加とウイルス作成ツールの登場 ///////

　1992 年には、ウイルスを簡単に作成できる GUI 型のツールキットである Virus Creation Laboratory（VCL）が登場。ウイルスが大量に作成される下地が整いました。1995 年にはマイクロソフト社が Windows 95 を発表。パソコンメーカーへ OEM 供給された Windows 95 には、インターネット閲覧用のブラウザである Internet Explorer が標準搭載されました。これによって、素人でも簡単にコンピュータを操作したり、インターネット閲覧ができる仕組みが整いました（どんな OS でも動く汎用性の高いプログラムである JAVA が登場したのも、この年です）。日本でも 1995 年〜 1996 年にかけて ISP（インターネットサービスプロバイダ）が、相次いでインターネット接続サービスを提供開始。Yahoo ！ Japan がサービスを開始したのもこの年です。使い勝手の良い Windows 95 搭載のパソコンの登場、相次ぐプロバイダのインターネット事業参入、Yahoo ！などのインターネットサービスが充実したことに伴い、インターネット利用者が急増。1998 年には Google が法人化され、インターネット上の検索サービスが充実しました。同時に、JP ドメインの登録数が 5 万人を超え、日本でもインターネット利用者が急速に拡大していき、1999 年には JP ドメインの登録数が 10 万人を超えました。

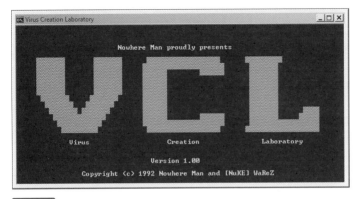

VCL（Wikipediaより）

 基本 ウイルス作成の大衆化 ////////////////////////////////////

　インターネットの大衆化と同様に、ウイルス作成にも大衆化の波が起こります。Windows 95 の登場にあわせ、マイクロソフト社のオフィスソフトである Word、Excel が広く利用されるようになりました。Word、Excel には「マクロ」という簡単な作業を自動化するためのプログラミング言語が搭載されています。文書を開くと、マクロで作成されたプログラムが自動実行されるのです。その機能を悪用して作られた、世界初のマクロウイルス「Concept（コンセプト）」の登場です。「Concept」に感染した文書を開くと、マクロウイルスが自動実行、標準テンプレートに自分を感染させます。そのため、Word で作成や編集などの作業を行った文書ファイルすべてが「Concept」に感染してしまうのです。自己増殖しながら拡大を続けていきましたが、目立った被害を及ぼしたわけではなかったため「マクロでウイルスを作成できる」という概念（Concept）を植えつけることに成功した、という意味で「Concept」という名前になりました。

　事実、その 4 年後の 1999 年に猛威をふるった「Merissa（メリッサ）」は、「Concept」の概念を踏襲したメール添付型のマクロウイルスです。マイクロソフト社のメールソフト「Outlook」にマクロウイルスつきのメールを送付。届いたメールにある Word ファイルを開いてしまうとマクロプログラムが自動実行され、Outlook に登録されているユーザに自分自身（マクロウイルスつき Word）を添付し、メールをばら撒きました。メールサーバに大量の負荷をかけ、ネットワーク回線が一時的につながらなくなる、という現象

が起きました。「クリスマスワーム」と同様に、知人から届いたメールであったためにメールを開封、感染してしまうため、取引先にウイルスをばら撒いたという点では信用問題に発展するケースも見受けられました。

 基本 代表的なウイルス事案 //////////////////////////////

このように、実は現在のサイバー犯罪の原型は、1999年頃までには表出化しているのです（もちろんすべてではありません）。2000年以降に発生した、代表的なサイバー攻撃（ウイルス）問題をざっと見てみましょう。

2000年

Love Letter ウイルスの発生

メールの表題に「I Love You」と明記。メールに添付されているラブレターを開くと、ウイルス感染。Outlook に登録されているメールアドレス宛に自分を添付し送付。拡張子が「jpg」や「mp3」等のデータをハードディスク上から探し出し、自分を上書きすることによりデータを破壊する。「クリスマスワーム」と「Merissa」を応用した、スパムメール、ソーシャルエンジニアリング、トロイの木馬、ワームなど複数の機能を有する。

DDoS 攻撃の大量発生

Yahoo！、CNN、Amazon など米国の有名サイトがアクセス不能に。

2001年

Code Red（コードレッド）ワームの発生

マイクロソフト社が提供するインターネットサーバ IIS（Internet Information Service）の脆弱性を狙った攻撃。インターネットに公開されている Web サービスを提供するサーバであったため、脆弱性が見つかると簡単に侵入を許してしまう可能性がある。サーバを乗っ取り、米国ホワイトハウスへの DoS 攻撃を試みようとしたが、攻撃先の IP アドレスが変わったことで失敗に終わった。

Nimda（ニムダ）の発生

あらゆる手段を使って感染を試みた、非常に感染力の強いウイルス。公開

されている Web サイトに侵入し、Internet Explorer で Web サイト閲覧に来たコンピュータに侵入したり、電子メールの添付ファイルに潜み、メールソフト「Outlook　Express」を介して感染したり（感染したメールをプレビューするだけで感染した）、社内 LAN 上の共有機能を介して感染したりするなど、被害が拡大。これによってウイルスソフトの普及率が広がったといわれるほどの感染力だった。

2002年

ボットウイルスの激増

　RD Bot（RD ボット）を皮切りに、Spybot（スパイボット、2003 年）、Gaobot（ガオボット、2004 年）などのボットウイルスが激増。ボットとは、あらかじめ決められた手続きに従ってインターネット上で自動的に作業を行うプログラムのことで、ロボット（ROBOT）が語源。ウイルス性のある悪質なボットは、感染するとパソコンが乗っ取られて遠隔操作されてしまい、自分が知らないうちに攻撃に加担してしまう。乗っ取られたパソコンを大量に集めて、大量のメール送信、DDoS 攻撃、広告詐欺、インターネットバンキングの不正送金詐欺、仮想通貨の採掘など攻撃対象に一斉攻撃を行う。現在起こっているサイバー攻撃はボットウイルスによって遠隔操作されてしまうことが多いが、この頃からすでに問題が表出化していた。

2003年

Blaster（ブラスター）ワームが流行

　Windows の脆弱性を突き、パソコン内に侵入。コンピュータを立ち上げるたびに自分を立ち上げるように設定を変更されてしまい、異常終了と再起動を繰り返すパソコンも出てきた。感染したパソコンの IP アドレスに近いアドレスを持つパソコンにランダムに攻撃を仕掛けるため、1 台のパソコンが感染してしまうと同じネットワーク上で感染が広がった。

スパイウェア＆アドウェアの激増

　スパイウェアはパソコンに潜伏して、パソコン利用者の行動を収集したり（Web サイト閲覧履歴や、キーボード入力情報の採取など）、個人情報や機密情報を奪ったりする不正プログラム。アドウェアは広告を表示させることを条件に、プログラムの利用を許可するプログラム。アドウェアも広告表示

のために利用者の行動履歴を勝手に収集しているケースが多く、スパイウェアの一種とされている。これらのプログラムにはインストール時に利用規約が明記され、同意したとみなされた上でインストールされるものもある。スパイウェア製造元としては「規約に同意したんだから文句をいわれる筋合いはない」という言い分を残しているわけだが、勝手に重要情報等を入手すること自体が問題。

ドライブ・バイ・ダウンロードの激増

　2001 年に猛威を震った「Nimda」の発展系。公開されている Web サイト（正規サイト）の脆弱性を突き、侵入。不正なプログラムを埋め込んで、サイト閲覧者を待ち受ける。何も知らない一般ユーザがサイトを閲覧。ブラウザに脆弱性がある場合、Web サイトを見ただけで不正なプログラム（マルウェア）をダウンロードされてしまい感染。遠隔操作プログラムが仕掛けられ、重要情報を抜き取られたり、データを破壊されたり、他のコンピュータへの攻撃の踏み台にされたりする。「Web サイトを見ただけで感染」という点が極めて厄介で、現在でもこの攻撃で有名サイトが感染。閲覧者に被害を与え、しばしばニュースに取り上げられる。

COLUMN

水飲み場攻撃

　ドライブ・バイ・ダウンロードの発展系として「水飲み場攻撃」があります。砂漠のオアシスにある水飲み場に群がる草食動物に狙いを定めて襲う肉食動物の行動にちなんでつけられた攻撃名です。ドライブ・バイ・ダウンロードは不特定多数への攻撃なのに対し、水飲み場攻撃は、特定の個人や組織を狙う「標的型攻撃」。特定個人や組織がよく訪問するであろうWebサイトに侵入、改ざんし、狙われた個人や組織がWeb閲覧したときのみに不正プログラムをダウンロード。遠隔操作プログラムが仕掛けられて機密情報が抜き取られたりする手口です。不特定多数への攻撃とは異なるため、被害に遭ったこと自体を発見するのが難しく、情報漏えいなどの事件が起こった後の詳細調査で発覚するため、事前の対策が難しい攻撃パターンです。70 ページなどでも紹介しています。

📖 まとめ 増え続ける標的型攻撃 ////////////////////////////

　以上の内容を応用する形で、2004年以降、「組織的犯行」「金銭目的」「企業や組織を狙う標的型攻撃」が増えていきます。2014年はインターネットバンキングによる不正送金被害が激増した年ですが、遡ること10年前が1つのターニングポイントとなる現象が多発したのです。

　「歴史は繰り返される」のです。

インターネット関連の出来事と、セキュリティ問題

　機密性を維持するとは、情報漏えいが起こらないように、許可されている人や許可されているパソコン、スマホ等の情報端末以外からは情報（データ）を使えない、閲覧できない、アクセスできないようにすることです。

年代	代表的な攻撃名 （ウイルス名）	内容	種類
1967	ARPANET計画誕生		
1972	ARPANETのNATO域への拡大(イギリス、ノルウェー等)		
1983	ARPANETでTCP/IPが標準プロトコルとして採用、IPv4アドレスが使われる		
1986	Brain	不正コピーに対する自動警告を表示	・アドウェア ・データ破壊
1987	Christmas Worm クリスマスワーム	クリスマスカードをメールにて送付。開封した人が登録していたメールアドレス宛にメール転送	・スパムメール ・ソーシャルエンジニアリング ・トロイの木馬 ・DoS攻撃 ・標的型攻撃 ・ワーム型
1988	Moris Worm モーリスワーム	メール配信によるネットワークの負荷。サービス不能	・スパムメール ・脆弱性攻撃 ・DoS攻撃
1988	アメリカでCERT/CC（Computer Emergency Response Team/Coordination Center）が誕生		
1989	PC Cyborg PCサイボーグ	データを暗号化して人質に取り金銭要求	・ランサムウェア ・データ破壊 ・金銭搾取
1990	ARPANET終了　インターネットの本格的な普及		
1991	Michaelangelo ミケランジェロ	感染したディスクデータの上書き、初期化を行う	・データ破壊
1992	Laboratory (VCL)	ウイルスを簡単に作成できるGUI型のツール	・ウイルス作成ソフト
1993	HTMLバージョン1.0が公開される		
1994	Yahoo!誕生／NIFTY-Serveがインターネット接続サービス開始		

参考：JPNICインターネット歴史年表

年代	代表的な攻撃名 （ウイルス名）	内容	種類
1995	Concept コンセプト	Wordのマクロ機能を自動実行。感染後は編集等を行ったWordデータにす	・マクロウイルス
1995	Javaの登場／Windows95発売／Amazon.comサービス開始		
1996	Hotmailサービス開始／Yahoo!Japanサービス開始		
1997	Trinoo トリノー	遠隔操作により、自分が意図しない行動を誘発される	・ボット ・ボットネット
1998	Tribal Flood トライバルフラッド		
	Google法人化・検索サービスが充実		
1999	Merissa メリッサ	メール添付型のマクロウイルス。世界的に猛威を振るう ・大量メールによるサーバへの高負荷 ・知人に送付するため開いてしまう ・送付した側は信用問題に発展	・マクロウイルス ・スパムメール ・ソーシャルエンジニアリング
2000	Love Letterウイルス	メールに添付されているラブレターを開くと、ウイルス感染。Outlookに登録されているメールアドレス宛に自分を添付し送付	・スパムメール ・ソーシャルエンジニアリング ・トロイの木馬 ・ワーム
	Windows2000発売／不正アクセス禁止法の施行		
2001	Code Red コードレッド	IIS（Internet Information Service）の脆弱性を狙った攻撃	・Web脆弱性攻撃
	Nimda ニムダ	公開されているWebサイトに侵入し、Internet Explorerでホームページ閲覧に来たコンピュータに侵入したり、メールの添付ファイルに潜み、メールソフトOutlook Expressを介して感染したり（感染したメールをプレビューするだけで感染した）、社内LAN上の共有機能を介して感染等	・Web脆弱性攻撃 ・スパムメール ・ウイルス感染
	WindowsXPの発表／NTTドコモが世界初の3Gサービス「FOMA」を開始		
2002	RD Bot RDボット	遠隔操作により、自分が意図しない行動を誘発される	・ボット
2003	Spybot スパイボット	遠隔操作により、自分が意図しない行動を誘発される	・ボット
	Blaster ブラスター	異常終了、再起動を繰り返す。ネットワーク上への被害拡大	・Windows脆弱性攻撃 ・ワーム
	ドライブ・バイ・ダウンロードの増加	サイトを閲覧するだけでマルウェア感染被害に遭遇する	・Webサイト脆弱性攻撃 ・Windows脆弱性攻撃
	JPCERT/CC法人化／SKYPEリリース開始		
2004	Gaobot ガオボット	遠隔操作により、自分が意図しない行動を誘発される	・ボット
	2004年以降 「組織的犯行」「金銭目的」「企業や組織を狙う標的型攻撃」の増加		
	Facebook誕生／SNSサービスmixi（ミクシィ）の運営開始		
2005	・・・・・		

2章

中小企業の
経営者のための
セキュリティ基本講座

中小企業にとってサイバー攻撃なんて別の世界の出来事だ
と思っているのなら認識を改めなければなりません。ここ
では、中小企業の経営者がおちいりがちなセキュリティに
関する「間違った考え」を集めました。思い当たるフシが
ある場合は要注意です。本書の第3章以降も併せて読んで、
しっかりと対策をしてください。

[2-1] 間違い 1

ウイルス対策ソフトを
入れているから、大丈夫

ほとんどの業務利用のパソコンには、ウイルス対策ソフト（アンチウイルスソフト、ワクチンソフト）が導入されています。それなのにウイルス感染や情報漏えいといった事件が連日クローズアップされているのはなぜでしょうか。ここでは、ウイルス対策ソフトの仕組みを理解します。

 基本 ウイルス対策ソフトは死んだ ////////////////////

「うちのパソコンにはウイルス対策ソフトが入っているんだから大丈夫だよ」

中小企業の経営者や業務でパソコンを使っている人のほとんどが、そう思っているのではないでしょうか。しかし、情報漏えい事件等がなくなることはありません。それは、ウイルス対策ソフトを導入しても、防ぐことができない攻撃が多発しているためです。実際にこれらのソフトを作っているメーカーの幹部が「ウイルス対策ソフトは死んだ」という、自らを否定するような衝撃の発言をしたことで、世間を驚かせました。

 基本 なぜウイルス対策ソフトで防げないのか ////////////

ウイルスを作る「攻撃者側」の立場で考えてみましょう。現在、さまざまなウイルス対策ソフトを誰でも簡単に入手することができます。その中で代表的なものをいくつかインストールし、パターンファイル（ウイルス対策の更新プログラム）を最新の状態にした上で、自分で作ったウイルスを使って、自分のパソコンに攻撃を仕掛けます。そしてウイルス対策ソフトでは検知されないことが確認できたとします。それをメールや Web サイトなどに仕掛ければ、自分が作ったウイルスを世の中に拡散できます。一方で、怪しい動

きをしているウイルスを検知したウイルス対策ソフトメーカーは、ただちに
ウイルスの検体を収集し、解析したうえで最新のパターンファイルを作って
世の中にリリースします。これは「ウイルスに対するパターンファイルを生
成する」パターンマッチング対策です。

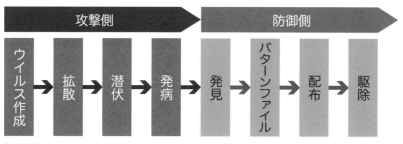

図2-1-1 パターンマッチング対策

このようなプロセスを経るため、ウイルスの「発病」からワクチンプログ
ラムによる「駆除」までにはタイムラグが生じます。1日あたり100万個も
のウイルスが作成されているといわれている状況で、パターンマッチング型
のウイルス対策は限界が来ていることは明らかです。

なお、日本においては、ウイルスは作成するだけで犯罪になります（刑法
168条の2［不正指令電磁的記録作成罪］）。

基本 新たな攻撃手法「ファイルレス攻撃」の登場

さらに最近では、OSが標準搭載しているプログラムを使って攻撃を仕掛
ける「ファイルレス攻撃」が登場しました。今までのマルウェアは拡張子に
.exe等をもつ実行ファイルをPC上で起動させることによって感染に繋げる
ものでした。ところがファイルレス攻撃はその名の通り、ファイルがない（レ
ス）のに攻撃ができます。ファイルレス攻撃では最近のWindowsに標準搭
載されている正規プログラムである「PowerShell」などが利用されます。ウ
イルス対策ソフトがマルウェアとして判断ができないような記述文（スクリ
プト）をメールなどでPCに送り込み、PowerShell等を動作させることによ
って攻撃者が用意していた遠隔操作サーバ（C&Cサーバ）に自動接続させ
ます。ウイルス対策ソフトは、OSが標準で搭載しているサービスをウイル
スとは判断しないため、検知することなく素通りさせてしまいます。

もちろん、ウイルス対策ソフトは「既知」のウイルスを発見、駆除してくれるものなので、これからも必要なソフトウェアではあります。しかし、ウイルス対策ソフトを入れているから安心、という時代はとうの昔に過ぎ去ってしまったと、認識を変える必要があるのです。

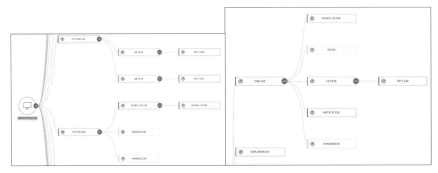

図2-1-2 Windowsに標準搭載されている正規プログラム（コマンド）を用いてサイバー攻撃されたものを可視化した例。一般的な業務をしている中で、このようなコマンドが使われることはありえないため、ファイルレス攻撃の被害に遭遇した疑いがある
※可視化には F-Secure社のRapid Detection & Responseを利用

📖 まとめ 攻撃者の進化に利用者の理解が追いついていない ////

　1章でも解説しましたが、IT関連の技術的進化はすさまじく、我々の生活がより便利に、より快適にと進化を続けています。当然サイバー攻撃者や攻撃手法も進化し続けているわけですが、私たち一般利用者側のセキュリティに関する知識は進化を続けているでしょうか。

　もちろん、日頃からセキュリティ問題を経営リスクと認識した上で時代に合わせた対策をしようと努力している企業もありますが、ウイルス対策ソフトを入れているから大丈夫だと認識している中小企業も多く、驚きを隠せません。ことセキュリティ対策においては**新しいことがよいもの**になります。突如被害に遭遇して、慌てて相談してくる企業を見るにつけ、攻撃側の進化に対し、我々利用する側も、日々進化しつづける必要があると痛感します。

COLUMN

Microsoft Windows Defender（ウィンドウズ ディフェンダー）だけで大丈夫？

　Windows 10 に標準搭載されているウイルス対策ソフト「Windows Defender」。

　昨今のウイルスによる被害に対し、OSメーカーとしてセキュリティ対策を強化する具体的な意思表示の一つとして評価できます。初期利用時にはウイルス対策ソフトウェアが導入されていなかった旧OS（Windows 7 以前）と比較して、セキュリティ面が強化されたのは間違いありません。では、Windows Defenderだけで本当に大丈夫なのかというと、決してそうではないのが実情です。OSに標準で搭載されているということは、攻撃側がマルウェアを作成した後に、はじめにDefenderを通してみて捕獲されるか否かを評価することができる、絶好の検証材料として利用されてしまうためです。マルウェアプログラムの中には、まずはDefenderを停止させるという挙動をするケースもあります。

　また、「マルウェア対策」についてのメーカーとしての歴史が浅く、長年研究開発を続けていた専業メーカーに比べると、さらなるノウハウの蓄積や研究開発が必要でしょう。しかしながら、インターネット活用が当たり前の現代において、Windows Defenderが標準搭載されていることは、最低限のセキュリティ対策としてレベルアップしたことは間違いありません。

2-1

ウイルス対策ソフトを入れているから、大丈夫

Windows Defenderが動作しているかどうかを確認する方法

Windows Defenderは、初めてパソコンをセットアップした時から自動で動作するようになっています。正しく動作しているかどうかは、以下の点で確認できます。

図2-1-3 タスクバーの右下にある「シールドマーク」に緑色のチェックが入っている

図2-1-4 タスクバー左下の［スタート（Windowsマーク）］→［設定］→［更新とセキュリティ］→［Windowsセキュリティ］内の［ウイルスと脅威の防止］に緑色のチェックが入っている

[2-2] 間違い 2

怪しいサイトに行かない
から、問題ない

ふだん会社などでインターネットを閲覧している際に、怪しげなWebサイトに意図してアクセスすることはあまりないかもしれません。しかしだからといって安心してはいけません。

 基本 どんなWebサイトにも危険が潜んでいると認識する

　「うちの社員は怪しい Web サイトには行ってないから大丈夫」、「通常業務では変な Web サイトには行かせないように伝えているから問題ない」という声もよく耳にします。

　見るからに怪しい Web サイトであれば「訪問するとウイルスに感染してしまうかもしれない」と細心の注意を払います。そのため、業務で使用しているパソコンでは怪しい Web サイトは閲覧しない、ウイルス対策ソフトのWeb フィルタリング機能を使って、危険性が高いカテゴリに該当するサイトには行けない設定にするといった配慮をするのはよいことです。しかし一方で、まったく問題のない正規サイトにしか訪問していなかったり、ネットサーフィンしていただけなのに突然被害に遭う、というケースも出ているのです。

KEYWORD

Webフィルタリング機能

　インターネット上にあるWebサイトを同じ属性を持つカテゴリに分類（カテゴライズ）し、カテゴリ情報ごとに、Webサイトへの閲覧を制御（OK、NG）する機能。企業として業務上、訪問する必要がないサイトや、訪問すべきではないサイト（例：アダルト、ドラッグ、暴力など）へのアクセスを拒否することができる。

たとえば、話題になっている時事ニュースやネット動画などを閲覧することはあると思います。その閲覧しようとした情報ソースに遠隔操作プログラムなどを埋め込み、Web ブラウザの脆弱性などを悪用して攻撃を仕掛けるケースがあるのです。

　このように、人の興味・関心を引くような時事問題や、話題性の高い事件に便乗し、偽サイト（フィッシングサイトなど）に誘導し、ウイルスに感染させたり、遠隔操作プログラムをインストールさせる手口が発生しています。これを「便乗詐欺」といいます。

 事例 時事問題の便乗詐欺事案 ///////////////////////////////

　2020 年に入ってから突如襲ってきた新型コロナウイルス (COVID-19)。世界中が大混乱をきたす中で、新型コロナウイルス問題に絡めた便乗詐欺攻撃が激増しました。

　世界的に品薄となったマスク販売に絡めた便乗詐欺サイトの登場。世界保健機構（WHO）や公的機関などを装った偽装サイト（フィッシングサイト）が登場し、電話番号やメールアドレス、パスワードの入力を促して情報を盗み取ろうとする手口。新型コロナウイルスの拡散情報の公開サイトと見せかけて、アクセスするとパソコンやスマートフォン（Android）を遠隔操作する不正なマルウェアを感染させるためのサイトなどが登場しました。新型コロナウイルスに便乗した詐欺サイトが 1 日あたり 5000 件を超えて乱立したとの調査報告もあるほど、本件に便乗したサイバー攻撃が激化しているのです。

　法人企業のみならず、個人も攻撃のターゲットとなりました。外出自粛の要請からインターネットを使っての買い物が増えたことを逆手にとり、スマートフォンの SMS（ショートメッセージ）を使って宅配業社からの「不在通知」メールを装って偽装サイトに誘導する手口、「特別給付金の重要情報を預かった」と騙って偽装サイトに誘導する手口など、世の中の混乱に便乗して犯罪者が我先に、手当たり次第に一般人を狙っていることが伺えます。

基本 ドライブ・バイ・ダウンロード攻撃 /////////////

加えて、注意が必要なのが**ドライブ・バイ・ダウンロード攻撃**です。

便乗詐欺が人の興味・関心をひく情報に絡めた攻撃（ソーシャルエンジニアリング型）なのに対し、ドライブ・バイ・ダウンロード攻撃は、通常であれば問題のない**正規の企業 Web サイトなどに悪意のあるプログラムを仕掛けます（Web 乗っ取り型）**。閲覧者のブラウザにある脆弱性を突き、閲覧者が何も知らずにアクセスしにくると自動的に遠隔操作プログラムやネットバンキングの不正送金プログラムなどをダウンロード・実行します。

たとえば、普段からプライベートで利用する、旅行会社の Web サイトがあるとします。いつものように何気なく利用しようと Web サイトを開いただけで不正プログラムがインストールされてしまい、インターネットバンキングの不正送金を引き起こすプログラムや、遠隔操作のプログラムがダウンロードされてしまうのです。

図2-2-1 検索窓で「サイト　改ざん　お詫び」と検索すると被害サイトがたくさん出てくる

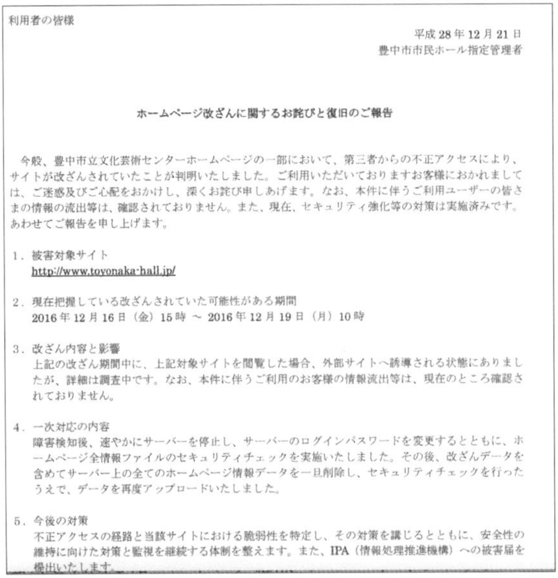

図2-2-2 サイト改ざんに関するお詫び

水飲み場攻撃

ドライブ・バイ・ダウンロードを**標的型攻撃**として応用した手口が「水飲み場攻撃」（57 ページ）です。

攻撃対象者となる企業や組織が閲覧する可能性の高い Web サイトに侵入し、対象者が持つ IP アドレス（インターネットの住所）から閲覧に来たときのみ、不正なプログラムを仕掛けるように設定するのです。中小企業がこのような水飲み場攻撃の対象になるケースは稀だと思われますが、大手企業から機密情報を預かっている製造業などが攻撃の対象となることは十分ありえることです。このような攻撃手法がある、ということをしっかりと理解しておきましょう。

 基本 ネット広告を利用したマルウェア拡散（マルバタイジング）

さらに厄介な攻撃が、ネット広告を利用してマルウェアを拡散する「マルバタイジング」という攻撃手法です。マルウェアとアドバタイジング（advertising：広告という意味）を組み合わせた造語で、Web サイトの広告枠に配信されているバナー広告等に悪意のあるプログラム（スクリプト）を

埋め込み、バナー広告枠を提供しているセキュリティ上問題のないサイトに広告として掲載。閲覧者が脆弱性のある古いブラウザ（Internet Explorer 等）や、セキュリティパッチ（Windows アップデート等）が適切に割り当てられていない PC で Web サイトを閲覧した場合、遠隔操作プログラムやランサムウェア（身代金ウイルス）などのマルウェアをダウンロードさせてしまう手口です。

Web サイトを巡回している際に、大手ポータルサイトの記事や、有名ブロガーのブログなどを閲覧すると、バナー広告が置かれているケースがあります。問題なのは、それらのポータルサイトやブログサイトにはセキュリティ上の脆弱性がなくても、広告配信会社が配信しているバナー広告に脆弱性がある場合、そこが攻撃対象となってしまい悪意のあるスクリプトが仕込まれて一斉配信されてしまう点です。

広告そのものをクリックしなくても、表示した途端にマルウェアに感染してしまう被害事例もあり**何もしていないのに突然ウイルス感染してしまった**という場合は、マルバタイジングによる攻撃を受けてしまったケースが考えられます。

📖 まとめ 「普通」のWeb利用の危険性を認識しよう ////////

ここまでに説明した内容は、すべて怪しい Web サイトでの出来事ではありません。普通にインターネットを利用していたり、メールを利用していたりするだけで被害に遭遇する可能性があることを十分認識してください。これらの被害に遭遇しないためには、脆弱性をなくすことがもっとも効果的です。Windows にセキュリティパッチを当てて、OS を最新状態にアップデートする、Java や Flash、Adobe Reader など Web 上で動作するサービスのPC 側プログラムを最新状態にする、ウイルス対策ソフトを最新状態にする、危険であると認識されている Web サイトに行かせないような仕組み（Webレピュテーションが働いている仕組みなど）を利用する、などによって対策してください（第 4 章参照）。

KEYWORD

Webレピュテーション（Web Reputation）

　Webサイトの信頼性を複数の評価基準（Webサイトの登録時期、危険性が高いサイト情報、評判が悪いサイト情報等）に基づいて点数化。点数が悪く、危険性が高いと判断されたサイトに利用者が誘導された場合に自動的に判断し、ブロックしてくれる機能。危険性が高いWebサイトの例としては、乗っ取り被害に遭遇しているWebサイトやインターネットバンキングの不正送金サイトなどがある。

COLUMN

攻撃する立場で考えると対策が見える

　サイバー攻撃対策の基本は、攻撃者の立場で考えてみることです。犯罪心理学でも、まずは犯人の立場や考え方、人材等をプロファイルリングするところから始まるのと同様に、攻撃者の立場（犯行の動機、背景、実現したいことなど）を推察してみると、対策しやすくなります。サイバー攻撃といっても、人がしていることには変わりありません。

［2-3］間違い **3**

うちみたいな小さい 会社が狙われるわけがない

誰しもが、自分が狙われることはないと考えているでしょう。確かにピンポイントで狙われることはないかもしれませんが、サイバー攻撃は必ずしもピンポイントで特定企業を狙ったものばかりではありません。

 基本 攻撃者にとっての価値を考える ///////////////

　「まさかうちみたいな小さな会社がハッカーから狙われるわけがない」、「こんな田舎の会社を狙っても（相手にとって）いいことないでしょ」。このように考えている人たちは、サイバー攻撃についての認識を改める必要があります。

　なぜなら現在、大手企業の情報をターゲットとして狙う場合でも、その関連子会社（海外の関連会社も含む）や、ビジネス上で取り引きのある中小企業を狙う新たなサイバー攻撃手法である「サプライチェーン攻撃」によって、情報被害に遭遇するケースが出てきているためです。「サプライチェーン攻撃」の対象になってしまった中小企業は、サイバー攻撃の対策をほとんどしていない場合も多く、簡単に侵入を許してしまう可能性が高くなります。

 基本 「サプライチェーン攻撃」で狙われる中小企業 ///////////

　ここで一度、「攻撃側」の立場で考えてみましょう。たとえば、先進的な取り組みで有名なライバル大手企業の情報を何とかして入手したいと考えたとします。商品計画や生産計画、販売戦略やマーケティング戦略なども欲しい情報かもしれません。このような機密情報は情報端末であるパソコンやサーバなどに保存されていることがほとんどですから、何らかの手段でパソコンを乗っ取って遠隔操作すれば入手できます。ところが、いざ大手企業に対

してサイバー攻撃を仕掛けようとしても、セキュリティ対策にお金と時間を投資できる大手企業には、なかなか侵入するのが難しいのです。

そうすると、次に考えるのはセキュリティが脆弱な場所を探すことです。つまり、大手企業から仕事を受託していたり、設計図面情報などを持っている可能性がある企業で、かつセキュリティが脆弱な中小企業がターゲットとなります。

ビジネスにおいては当然、複数企業とのやり取り（モノの流れ、お金の流れ、情報の流れ）が発生します。原材料の調達や製造、設計、販売、物流、サポートなど、事業に関わる複数の企業や組織が関わることを**サプライチェーン**と呼びます。

サプライチェーン攻撃では、ターゲットとなる大手企業などを狙う際、直接的に攻撃を仕掛けるのではなく、ビジネス上の取引があり、メールなどを含めて情報のやり取りがある中小企業が狙われます。これらの中小企業は一般的に大手企業よりもセキュリティが甘いですからそこがサイバー攻撃の入り口となります。結果としてサプライチェーンに関連するあらゆる企業にまで被害が波及することが現実的に起こっているのです。

前年順位	個人	順位	組織	前年順位
NEW	スマホ決済の不正利用	1 位	標的型攻撃による機密情報の窃取	1 位
2 位	フィッシングによる個人情報の詐取	2 位	内部不正による情報漏えい	5 位
1 位	クレジットカード情報の不正利用	3 位	ビジネスメール詐欺による金銭被害	2 位
7 位	インターネットバンキングの不正利用	4 位	サプライチェーンの弱点を悪用した攻撃	4 位
4 位	メールや SNS 等を使った脅迫・詐欺の手口による金銭要求	5 位	ランサムウェアによる被害	3 位
3 位	不正アプリによるスマートフォン利用者への被害	6 位	予期せぬ IT 基盤の障害に伴う業務停止	16 位
5 位	ネット上の誹謗・中傷・デマ	7 位	不注意による情報漏えい（規則は遵守）	10 位
8 位	インターネット上のサービスへの不正ログイン	8 位	インターネット上のサービスからの個人情報の摂取	7 位
6 位	偽警告によるインターネット詐欺	9 位	IoT 機器の不正利用	8 位
12 位	インターネット上のサービスからの個人情報の窃取	10 位	サービス妨害攻撃によるサービスの停止	6 位

図2-3-1 参考：IPA　情報セキュリティ10大脅威（2020年）

大手企業のようにセキュリティ対策に投資することができないだけでなく、サイバーセキュリティに対する知識が乏しい中小企業は、ウイルス対策ソフトだけを入れて安心だと思い込んでいます。場合によってはウイルス対策ソフトすら入れていないケースもいまだに存在します。しかも「まさかうちの会社が狙われるわけがない」と思い込んでいるわけですから、完全に無防備です。攻撃側から見るとこれほどありがたい**カモ**はありません。最近ではこのような事態を課題として認識し、サプライチェーンの下流にある中小企業に対して「セキュリティ対策を適切に行なっているか」などのチェックリストを配布し、確認するケースも出てきています。真剣に対応するケースもありますが、場合によっては**よくわからないから適当にチェックして**とセキュリティ対策をしていないにもかかわらず担当に丸投げする経営者、そしてサプライチェーン上流の大手企業もチェックリストが返ってきたことを確認して証拠とし、実際の対策にまでは追求しないなど、対応がすでに形骸化しているケースが見受けられます。このような、真剣な取り組みが行われていないケースに遭遇するたびに、危機感を覚えます。

　サイバーセキュリティ対策の脆弱性は、もはや1社の被害には留まりません。インターネットを介して情報のやり取りがあらゆる企業と繋がっている現代において、自社のセキュリティが脆弱である結果、自社が**加害者**となり、複数の企業を巻き込んでしまう可能性があることを認識しなくてはならないのです。

 基本 「狙いたい」ターゲットより「乗っ取りやすい」ターゲット

　サイバー攻撃の被害に遭うケースは大きく二つに分かれます。一つは直接的にターゲットにされる**標的型攻撃**。もう一つは、手当たり次第にセキュリティが脆弱な企業や一般人を狙う**ランダム攻撃**です。

　攻撃者は、「狙いたい対象先」ばかりではなく**乗っ取りやすい対象**も狙っているのです。不特定多数を対象にしたランダム攻撃の被害を受けて、パソコンが乗っ取られて遠隔操作ができる状態になった場合、**ゾンビパソコン**となり、攻撃者の命令を受けて、外部への攻撃を勝手に仕掛け**加害者**になるケースもあります。ロケーションや組織規模の大小を問わず、サイバー攻撃は行われており、被害が増えている、という事実をしっかりと認識してください。

サイバー犯罪に関わらず、さまざまな種類の詐欺事件にひっかかってしまった人が口を揃えていう言葉があります。「まさか自分が被害に遭うとは思わなかった……」。このようにならないように、間違った認識を変えていく必要があります。

［2-4］間違い **4**

不正送金被害にあっても
銀行が何とかしてくれる

自宅や会社にいながら入出金、送金処理ができるインターネットバンキングの利用者が
増えています。インターネットバンキングを利用する時は、当たり前ですがパソコンをイ
ンターネットに接続した上でお金（情報）のやり取りをすることになります。直接的な金銭
情報のやり取りが発生するため、攻撃者が目をつけるのは当然といえるでしょう。

 基本 お金は常に攻撃者に狙われる

　都市銀行を中心とした大手銀行、さらには規模の大きな地方銀行でも、今
後のビジネス戦略として人員数の削減や店舗数の削減、月額 30 万円以上の
維持費がかかるといわれる ATM の削減、紙による通帳利用の削減を図ると
いう方針を打ち出しています。人手と時間、お金がかかるアナログでの利用
を必要最小限に減らし、その代わりにインターネットバンキングを中心とし
たデジタル活用を積極的に推し進める考えをいくつかの銀行が発表していま
す。

　実際にネットバンキングの利用率も個人で 64％（マイボイスコム調べ
（2020 年 1 月））、やや古い情報ですが法人では 50％程度（中小企業庁「決
算事務の事務量等に関する実態調査 2016 年」）となっており、インフラと
して市民権を得たと言えるでしょう。国もキャッシュレス社会の実現に向け
舵を切っているように、今後もますますインターネットを介したお金のやり
取りは増加の一途を辿ることは間違いありません。

　デジタル社会を生きるためには、基本知識としての IT スキルを持つこと
は今後の生活を優位に進めていくことにつながりますが、すべての利用者が
インターネットや IT に強いわけではありません。そういう人にとってセキ
ュリティはなおのこと縁遠く、わからないからこそ遠ざけてしまう傾向も見
受けられます。弱いところをつけ狙うのは攻撃者の常套手段。IT やセキュ

リティ知識の乏しい利用者を狙うことは今後も継続的に起こってくるでしょう。特に、お金を直接的に取り扱うネットバンキングの不正送金は、実際の被害と技術革新のせめぎ合いとなっていることが傾向として見て取れます。

　ではここで、インターネットバンキングの不正送金被害額を見ていきましょう。

　不正送金が急拡大した 2014 年は被害総額約 29 億円。2015 年の 30.7 億円をピークに減少傾向を示し 2016 年〜 2018 年と鎮静化の方向に向かいました。不正送金被害の実態が広く世の中に伝わったことによる警戒心の拡大に加えて、警察や全国銀行協会、銀行などの連携による不正送金撲滅キャンペーンの展開、ワンタイムパスワードや二段階認証、デジタル証明書の発行による技術的対策などが功を奏しました。

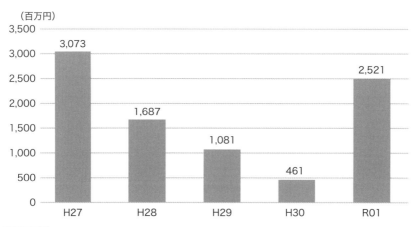

図2-4-1 インターネットバンキングの不正送金被害の実態（警視庁発表）

　では、不正送金被害が鎮静化した 2016 年から 2018 年は、サイバー攻撃者は休んでいたのかというと、決してそんなことはありません。確かに、官民をあげての連携によって不正送金被害は減少しましたが、攻撃者はもっとお金をたっぷり奪う次の方法に取り組みの軸足を移していました。2016 年の後半から起こった**仮想通貨バブル**を狙ったのです。ビットコインを中心とした仮想通貨は 2017 年に入ってから、急激に価格上昇を開始。2017 年 12 月には史上最高額である 230 万円を突破。金銭的価値が激増したことによって、攻撃者は手っ取り早く稼ぐ方法として、仮想通貨に対するサイバー攻撃にその軸足を移します。事実、2017 年は世界中の仮想通貨取引所や仮想

通貨を使ったブロックチェーン開発ベンダなどが、連続して被害に遭遇。そして、2018年1月26日には、日本でも実被害が発生します。仮想通貨取引業者のコインチェック社が総額580億円相当という史上最高額の仮想通貨被害に遭いました。2019年には同じく仮想通貨取引業社のビットポイント社が30.6億円を超える仮想通貨被害に遭遇。不正送金による金銭被害のピークであった2015年の30.7億円と同等額の金銭被害が起こったのです。そして、時を同じくして、一時期鎮静化していたインターネットバンキングによる不正送金が激増。個人携帯にSMS（ショートメッセージ）を送りつけたフィッシング詐欺による被害が激増したのです。

　法人企業における不正送金被害は確かに激減しましたが、攻撃者は手をゆるめることなく、次から次へと新しい手法で、我々の預金を常に狙っているものと認識しなくてはいけません。

銀行は助けてくれない

　「インターネットバンキングで被害にあっても銀行が何とかしてくれるから大丈夫だよ」

　「インターネットバンキングの話は銀行が持ち掛けてきたんだから、もし不正送金の被害に遭ったら銀行の責任じゃないか。そんなの、銀行が何とかしてくれないと困るよ」

　こう考えている経営者が多いのにも驚きます。預金者を不正送金などから守るための法律として**預金者保護法**があります。ただこの法律は、個人の預金を保護するための法律であり、法人企業は適用対象外です。法的には、法人がインターネットバンキングで不正送金被害にあったとしても、銀行は補償をする必要がないのです。しかし法人の被害が激増している中で、全国銀行協会（全銀協）として一定の判断基準を提示する必要に迫られ、2014年7月17日に「法人向けインターネット・バンキングにおける預金等の不正な払戻しに関する補償の考え方について」を発表しました。

平成26年7月17日

各 位

一般社団法人全国銀行協会

法人向けインターネット・バンキングにおける預金等の不正な払戻しに関する補償の考え方について

一般社団法人全国銀行協会（会長：平野信行　三菱東京UFJ銀行頭取）では、本日開催の理事会において、法人向けインターネット・バンキングにおける不正送金被害の発生状況を踏まえ、重要な金融インフラであるインターネット・バンキングの信頼性を高め、お客さまに安心してご利用いただくために、別添 ◎ のとおり、被害補償に関する考え方ならびに銀行とお客さまのセキュリティ対策事例等に関する申し合わせを行いましたので、ご連絡申しあげます。

以上

別添

平成26年7月17日

法人向けインターネット・バンキングにおける預金等の不正な払戻しに関する補償の考え方

一般社団法人全国銀行協会

インターネット・バンキングにおける預金等の不正な払戻しについては、個人のお客さまのみならず、法人のお客さまにも被害が拡大していることから、今年5月、法人向けインターネット・バンキングに関するセキュリティ対策の強化にお客さまへの注意喚

図2-4-2 全国銀行協会による不正な払戻しに関する告知

https://www.zenginkyo.or.jp/news/2014/n3349/

　各銀行の経営判断に基づき、不正があった場合の対応を検討するということにしたのです。

　こうして各銀行は、補償金額の上限設定や、不正送金サイトへ誘導する**詐欺サイト**を見分けるプログラムの配布開始、ワンタイムパスワードによるセキュリティ強化、デジタル証明書を活用した不正送金対策、取引口座の監視、不自然な場合には該当者への告知、啓蒙活動など、サービスの向上とリスク対策を同時並行で行う取り組みを強化しています。

 基本 自分でできる対策から始める ////////////////////////

　しかし、銀行が法人企業に対してすべて補償してくれるかというと、決してそういうわけではありません。では、どういったケースの場合、不正送金被害の補償がされないのでしょうか。全国銀行協会では、以下のようなケースが確認された場合は補償を減額、あるいは補償をしない取り扱いがあり得ること、と明記しています。

　インターネットバンキングを利用している中小企業は、自社のお金を守るために、しっかり対策を施してください。

1. 法人企業が対策を施していない

(1) 銀行が指定するセキュリティ対策の導入（202ページ参照）
(2) 身に覚えのない残高変動や不正取引が発生した場合の、一定期間内の銀行への通報
(3) 不正取引が発生した場合の、一定期間内の警察への通報
(4) 不正取引が発生した場合の、銀行による調査および警察による調査への協力

2. 法人企業に過失があると考えられるケース

(1) 正当な理由なく、他人にID・パスワードを回答した
　　安易に乱数表やトークン等を渡してしまった
(2) パソコンや携帯電話などが盗難に遭った場合にID・パスワードをパソコンや携帯電話等に保存していた
(3) 銀行が注意喚起しているにも関わらず、注意喚起された方法でメール型のフィッシングに騙されるなど、不用意にID・パスワードを入力してしまった

3. その他、以下のような事例に相当するケース

(1) 会社関係者の犯行であることが判明した場合
(2) その他、上記2.の場合と同程度の注意義務違反が認められた場合

図2-4-3 参考：全国銀行協会　補償減額または補償せずの取り扱いとなりうるケースについて

［2-5］間違い **5**

盗まれて困るような情報は持っていないから大丈夫

「うちの会社には盗まれて困るような情報はないから、セキュリティ対策をしなくても大丈夫」、という声もよく聞きます。盗まれて困る情報がないからといって、セキュリティ対策をしなくても大丈夫なのでしょうか？

 基本 攻撃者の狙いは情報だけではない ///////////////////

間違い③（73ページ）でも述べましたが、重要な情報を持っていなかったとしても、パソコンが乗っ取られてしまうと、知らぬ間に攻撃に参加する**ゾンビパソコン**になってしまったり、攻撃の隠れ蓑にされたりします。あたかもあなたが攻撃を仕掛けているように見えるため、突然として加害者となり、サイバー事件に巻き込まれる可能性があるのです。

事例 知らぬ間に不正送金の踏み台に ///////////////////

実際に、従業員2名でパソコン保有台数2台の小企業が、不正送金の容疑者になるという事件が起こりました。普通に仕事をしていたある日、突然3人組の刑事が乗り込んできました。「あなたたちはインターネットバンキングの不正送金の容疑者である」と、パソコンを押収され、取調べを受ける羽目になったのです。取調べを受けていく中で、自分たちのパソコンが乗っ取られており、インターネットバンキングの不正送金に加担していたことが判明しました。この半年前に、とある地方でインターネットバンキングの不正送金が起こりました。被害を受けたパソコンのログ情報やネットワークの履歴を追跡していくと、今回容疑者となった会社のパソコンから不正送金の実行処理の指示があったのです。押収されたパソコンのログ履歴には、夜間に遠隔操作で電源が定期的に立ち上げられた形跡があり、不正送金の実行処

理を行う前に、何度も実験を繰り返していた痕跡があったのです。考えてみると、パソコンの電源を切って退社したはずなのに、朝出社すると電源が入っていたりと不審な動きがありました。しかしながら、パソコンが調子悪いくらいにしか思わず、気に留めていなかったのです。

そして、自分のパソコンが加害者となって、他人の預金口座を襲う事件が発生。乗っ取られてしまった自分のパソコンから送金指示が出たのが午前8時。自分たちの出社時間は午前9時でしたが、出社していないというアリバイをなかなか証明することができずに対応にも苦慮したそうです。結果として、インターネットバンキングの不正送金被害の片棒を担ぐ結果となってしまい、下手をするとパソコン遠隔操作誤逮捕事件のように、本当に逮捕されるところでした。

加害者となってしまったこの会社は、盗まれて困るような情報を持っていなかったことが不幸中の幸いでした。機密情報を保有していたり、多くの個人情報を保有していた場合は、情報流出などの別の被害が起こる可能性も十分にありました。

KEYWORD

パソコン遠隔操作誤認逮捕事件

2012年7月〜9月に発生し、4人の誤認逮捕者を出したサイバー犯罪事件。トロイの木馬型ウイルス（iesys（アイシス）.exe）に感染したパソコン4台から、ネット掲示板に爆破予告や大量殺人予告などが投稿された。警察はこれが遠隔操作による不正操作であったことを見抜けずに、パソコンの持ち主4名を誤認逮捕した。後に逮捕された真犯人は「悪質な愉快犯的犯行」であるとし、懲役8年の判決が言い渡された。

基本 ランサムウェアによるデータの喪失 /////////////////

盗まれて困る情報を保有していなくても注意すべきことがもう一つあります。データの復旧がほぼ不可能になるウイルスである**身代金ウイルス（ランサムウェア）**によるデータ喪失のリスクです。

身代金ウイルス（ランサムウェア）とは、パソコンの中に保存されているデータを暗号化して、データを復元させるためには暗号化を解除するための

復号鍵が必要であるとし、それを入手するための条件として金銭（身代金）を要求するウイルスです。金銭（身代金）を支払ったとしても復号化のための鍵を入手できるとは限らず、その場合にはデータの復旧がほぼ不可能となります。

　万が一自社にとって重要な情報が喪失してしまった場合、業務にまったく支障が出ない場合は問題ありませんが、現実的に考えてそのような企業はどれほどあるでしょうか。

　自社にとって重要なデータとしては、財務データや顧客との取引情報、営業履歴情報や、現場で撮影した写真データなど、情報漏えいが起こっても大事に至らないかもしれませんが、これらの情報がすべて失われた場合に、どれほど業務停止リスクがあるかを考えなくてはいけません。

いざとなればインターネット なんか使わなければいい

ここまでの説明で、インターネットにどれほど危険が潜んでいるのかをようやく理解し始めた頃でしょう。そうしてこのようにいう人が必ず出てくるのです。「そんなに怖いのなら、インターネットなんか使わなければいい」と。

 基本 インターネットは社会の基幹 //////////////////////

　確かにそもそもインターネットに情報機器を接続しなければ、サイバー犯罪に巻き込まれることはありません。

　しかし、安全性と引き換えに、大切なものを失うことになります。**時間**と「利便性」です。なぜ業務でコンピュータを使うのでしょうか。それは**時間**を短縮し**効率を上げる**ためです。「時は金なり」という諺もあるように、IT（Information Technology：情報技術）とは時間を短縮するためにあるといっても過言ではありません。地球の裏側にいても瞬時にコミュニケーションが図れる、わからないことをすぐに調べることができるなど**利便性の向上**にも大きく寄与しています。このような状況で、自分（自社）だけがネットワークのケーブルを抜いて、インターネットとつながる世界を拒否したらどうなるでしょう。時代の流れについていけずに倒産する可能性すら十分にあります。

　さらに今回、新型コロナウイルスの猛威により、インターネット活用を前提としたビジネス設計や生活設計をしないと社会生活が回っていかないことがはっきりとしました。Stay Home を余儀なくされ、ネットを通じた食料品や品物の購入が増加。コミュニケーションのあり方にも変化があり、オンライン飲み会やオンライン同窓会などの実施。インターネットミーティングツールを活用した会議の開催。営業も対面ではなくオンラインで完結。就職活動にも変化があり、オンラインで面接、内定、就職、e- ラーニングによ

る教育までを完結。オンラインでインターネットバンキングやキャッシュレスによる決済処理が当たり前に行われるなど、江戸時代から明治時代に移り変わるような劇的変化が起こりました。

 ## 基本　基幹としてのライフラインとインターネットの違い /////

インターネットは私たちの人生に必要不可欠な、インフラとしての地位を揺るぎないものにしました。社会生活に必要なインフラといえば電気や水道、ガスと同様です。しかしながらセキュリティの観点で見ると、電気や水道、ガスなどとは様相が異なります。これらは、サービス供給側（電気会社や水道局、ガス会社等）が品質を担保してくれます。蛇口をひねった際に、水道の水から毒水が出てこないからこそ、私たちは安心して活用できますが、インターネットはそうではありません。インターネットサービスを提供してくれるプロバイダは、ネットに接続できるという品質は担保してくれますが、セキュリティ上の安心、安全面までは担保してくれません。

また、電気や水道、ガスなどのサービス提供は国内で閉じられている（ローカライズ）ため、品質の安定性が増します。一方でインターネットはつなげた瞬間から、利用の範囲が世界に広がります（グローバル）。世界の共通ルールである「自己責任」のもとで利用をすべきものがインターネットの世界です。経済的にも自然環境的にも恵まれた島国である、我々日本人は、グローバル社会での生き方に慣れていない人が多いのも事実。

ネットに接続した瞬間から、虎視眈々と我々の情報やお金を奪おうとする世界中の人と相対しなくてはいけないのです。

インターネット利用はもはや必要不可欠なインフラです。「時間短縮」や「利便性」がある一方で、世界を相手にした「リスク」があることを認識し、「投資コスト」とのバランスをいかにとっていくのか。今後ますます、セキュリティ対策そのものが経営戦略にとって重要な位置をしめていくことでしょう。

［2-7］間違い **7**

実際にサイバー攻撃に遭ったなんて聞いたことがない

新聞紙上やニュースでは連日のようにサイバー被害の実態が報道されていますが、周囲からこのような話が聞こえてこないのは不思議だと思ったことはありませんか？ それは、サイバー攻撃の被害そのものが「いいたくてもいえない、デリケートな機密情報」であるためです。

 基本 ネガティブ情報は外には出てこない ///////////////

　こういったデリケートな情報は、商圏人口が少ない地方商圏になればなるほど、出てこないという特性があります。なぜなら、企業にとってマイナスの評価を与える可能性があるためです。このような情報が漏れた瞬間に、一瞬にしてネガティブ情報として拡散してしまい、経営リスクの一つである**レピュテーションリスク（風評被害リスク）**が高まるためです。

　たとえば、自分が被害者になったとして、「先日インターネットバンキングを使っていて2,000万取られてしまって、資金繰りが大変だよ」という情報を周囲に伝えますか？ このようなことを伝えるのは、もよりの警察や、被害にあった取引銀行、セキュリティの専門家、そしてよっぽど信頼のおける相談相手くらいでしょう。万が一、ネガティブな情報が拡散してしまうと、「あの会社は資金繰りがやばいらしい」「今のうちに売掛金回収しておかないと」となり、二次的な風評被害で資金が枯渇し、本当に倒産する可能性があります。そのため、このようなネガティブ情報はどうしても「秘して語らず」になってしまうのです。

　実際に、ある地域の経営者にサービスを提供する業界団体で、インターネットバンキングでの不正送金問題が発生しました。関係者がその情報を漏らした瞬間に、その地域の経営者のほとんどに情報が拡散し、知れ渡ることになったのです。事態を収束する方向に持っていくために、告知文書を作って

地域に配布せざるを得ない状況になったわけですが、このようにデリケートでネガティブな情報は一瞬にして拡散していくものです。その業界団体は営利目的ではない組織体であったため、甚大な被害にはなりませんでした。これが民間の企業になると、そのリスクは膨大なものになることは容易に想像がつくと思います。

なぜ中小企業はセキュリティ対策が遅れているのか ///

ここでは改めて、今の日本における中小企業のセキュリティ対策がなぜ遅れているのか。その要因をいくつか解説していきます。

1つ目は**セキュリティ対策を行っても、業績向上に直結しないため意識が向きにくい**ということです。セキュリティ対策が重要なのは（頭では）なんとなくわかっていても、実際に被害に遭遇した経営者以外はどうしても取り組みを後回しにしがちです。実害に遭遇したことのないものに投資をすることに対するモチベーションを上げるのが非常に難しいのです。

2つめは**攻撃そのものが目に見えないため、架空の話と思えてしまう**ことです。

サイバー攻撃を可視化することはもちろんできますが、そのようなツールを導入している中小企業はまだ少なく、自社が実際にサイバー攻撃に晒されているという実感がどうしても湧きにくいのです。サイバー攻撃はテレビや映画の世界で起こっている架空のものと捉えてしまいます。そして、サイバー攻撃を想像するにはセキュリティに関するある程度の知識が必要ですが、当然そのような知識をもちあわせていないケースが多いものです。

3つめは**見えないことを悪用した売り込み詐欺で嫌な思いをしたことがある**ケース。

新型コロナに便乗した詐欺が横行しましたが「見えない恐怖」を利用する詐欺はかつてから存在しています。サイバーの世界も目に見えません。それを悪用した「売り込み詐欺」が実際問題として起こっています。知識の乏しい企業経営者を恐怖で脅し「これを入れれば大丈夫」と言葉巧みに高額なセ

キュリティ商品を売り込むのです。かつて、個人宅に「消防署の方から来ました」と押し入り、消化器などを売り込む悪質な販売手口がありましたが、それに類似した被害が後を絶たず、売り込まれて嫌な思いをした経営者がうんざりして情報から遠ざかっているケースも見受けられます。

4つめは**知らないことは判断のしようがない**ということです。

会社経営に全責任を負う経営者は、リスクに対しても敏感です。当然セキュリティリスクに対しても敏感でもよさそうですが、そもそも知らないことは判断のしようがないのです。特に年配の経営者になればなるほど、デジタルな世界観は想像することが難しく、ニュースや新聞でサイバー攻撃の記事を見たとしても、社員から「うちのセキュリティは危ない」と言われても、情報をスルーしてしまう傾向があります。理由は、そこに対する判断基準がないためです。

5つ目は**知識を身につけようにも言葉が難しくて説明できない**ということ。いざセキュリティに興味を持ち、勉強してみようとセキュリティの専門家やセキュリティベンダのセミナーを聞いてみると、素人には難しすぎる言葉が飛び交います。あまりにもわからなさすぎてセミナー中に寝落ちしたり、学びを諦めてしまう経営者も散見されます。IT に疎い経営者ですら、普段から PC を使ってメールのやりとりをしたりスマホの SNS ツールを使ってコミュニケーションを図るようになってきたので、ある程度の IT リテラシーはつきました。

その一方、セキュリティ知識は自然に身に付くものではありません。

利用者が意識して情報を取りに行かない限り、身につけることが難しい知識なのです。

実際にサイバー攻撃に遭ったなんて聞いたことがない

よくわからないからパソコンに詳しい現場担当に任せている

「俺はパソコンが苦手だから現場に全部任せている。詳しいことはわからない」。年配の経営者からよく聞く言葉です。詳しいことは現場の担当者に任せておいてよいのです。ただ、サイバー攻撃や、情報漏えい等の問題を他人事だと決め込み、無関心でいてはいけないのです。情報漏えい事件を起こしたり、情報が喪失して仕事にならなくなったり、インターネットバンキングの不正送金でお金がなくなってしまった場合、「現場のせい」では済まされず、最終責任は事業経営者にあるのです。サイバー問題は身近に起こりうる現象であると認識した上で、トップが率先して、自社の情報資産を守るように働きかけることが重要です。そのためにも、どうかこのような出来事に関心を持ってもらいたいのです。

［2-8］間違い 8

古いPCはすべて
入れ替えたから問題ない

2020年1月にメーカーのサポートが終わったWindows 7。OSメーカーは脆弱性が残る
ことを懸念して、最新のOSに入れ替えるよう警告を続けていました。サポートの終了に
伴い、どのような問題が生じるのか、また新しいOS（Windows 10以降）への入れ替えが
完了したユーザはもう対策をしなくて大丈夫なのかみていきます。

 基本 古いOSのPC利用はスタンドアロンが基本

　古い OS のメーカーサポートについて、Windows XP は 2014 年 4 月に、
Windows 7 は 2020 年 1 月にそれぞれ終了しました。サポートが終了したと
いうことは、セキュリティパッチがリリースされなくなったということです。
同時に、ウイルス対策ソフトメーカーも、古い OS に対するパターンファイ
ルの提供を終了させていきます。

　このような状態でインターネットに接続するのですから、丸腰で戦場に赴
くようなものです。たとえば、Web ブラウザの脆弱性を突いてマルウェア
感染を促すドライブ・バイ・ダウンロード攻撃。最後に適用されたセキュリ
ティパッチや修正プログラム以降に、新たに生まれたマルウェアや、ウイル
ス、脆弱性を突いた攻撃などには対策の打ちようがありません。また、社内
のネットワーク上にあるパソコンがマルウェア感染に遭遇した場合、真っ先
にマルウェアの拡散先として被害に遭遇する可能性が高くなります。一方で、
ソフトウェアの仕様上の問題から、どうしても業務で利用せざるをえないケー
スも考えられます。

　その場合は「ネットワークから接続を外してスタンドアロンで利用する」
「インターネットバンキング用の PC としては絶対に利用しない」「特定業務
以外での端末利用は禁止にする」「利用していない場合は電源を確実に切断
する」などの配慮が必要になります。

特に、Windows 7 は人気があり、ソフトウェアの利用の兼ね合いから、いまだに根強く流通しています。そのまま利用を続けるのはあまりにも危険ということで、メーカーである Microsoft 社は Windows 7 のサポート延長を 2023 年までに引き延ばしました。どうしても Windows 7 を利用しなくてはいけない場合は、必ず延長サポートプログラム（正式名称：拡張セキュリティ更新プログラム（ESU）を利用しましょう。

　ただし、サポートプラグラムに加入できるのは Windows 7 Professional エディション以上。HOME エディションは利用できないのでご注意ください。

 基本 新しいOSでも対策は必須 /////////////////////////////////////

　しかし、Windows 10 などの新しい OS を使っているからといって安全であるとはいえません。なぜなら、最新の Windows を使っていたとしても、セキュリティパッチを適切に割り当てなければセキュリティホールは残ったままとなるからです。Java や Flash など既知の脆弱性をそのままにしていたり、Windows アップデートを適切にしておらず、特にセキュリティ上重大なアップデートをせずに放置していたり。ウイルス対策ソフトを最新の状態にしていない場合、古い OS を使った時と同じリスクを保有したままになります。最新の OS に入れ替えたからといって安心してはいけないのです。

　Windows 10 では基本的に、Windows アップデートは毎月第二水曜日に更新が行われるように自動設定されています。これが適切に割り当てられていないケースが見受けられるのです。Windows を最新状態に更新するためには、パソコンを再起動する必要があります。ところが、立ち上げに時間がかかることを面倒くさがったり、資料作成の最中で業務タスクが多く残っている場合など、電源を Off にせずに帰宅することが業務上の習慣となっており、そもそも PC の再起動をしないで通電しっぱなし、というケースです。

　このような場合、セキュリティリスクが常に残っている状況になり危険です。毎月第二水曜日以降の更新を常に意識した上で、PC の電源を Off にする、再起動するなどの癖付を行うと良いでしょう。

まとめ セキュリティへの興味を持つことが対策への第一歩

　攻撃者は、対象者の**無知**に付け込みます。連日のようにニュースで取り上げられているにも関わらず「自分は関係ない」「難しいことはわからない」と無関心を決めこみ、自社の対策等を考えずにそのまま放置している状態は、攻撃者にとっては絶好の**カモ**なのです。

　どのような手口やメカニズムで被害に遭遇するのか、どのような点に気をつければ被害に遭遇しないのかは、知識の有無に大きく左右されます。知っていれば解決できることも、知らなければ対策すらできないのです。

　人は「他人事である」と思ってしまうと興味・関心を持てなくなるため、サイバー事件が取り上げられたり、周囲から「被害に遭って大変」という話を耳にしたときは、自社の取り組みをたな卸しする「アラート（警鐘）」であると心得るとよいでしょう。**「ひょっとすると自分の身にも降りかかるかもしれない」**と受け止めるようにしなくてはいけません。

　テクニカルスキルを身につける必要はありませんが、少なくとも、パソコンに詳しい人に自社の現状を聞いてみたり、社内にいるパソコンに詳しい人に「ニュースで取り上げられているけれども、自社の体制はどうなっているんだ？」「どうやって守っているんだ？」「誰が対応しているんだ？」と最低限の現状は確認することが必要です。

　コンピュータ知識があろうがなかろうが関係なく、被害に遭遇した場合の最終責任者は経営者であることはいうまでもありません。何度も申し上げますが、サイバー攻撃等による情報被害は、もはや経営を揺るがすほどの大きなリスクとなりました。少しでも気になるのであれば、気になることをそのまま放置しないことが重要です。

3章

担当者として知っておくべき
ネットワークの基礎知識

社内の情報セキュリティ対策を任された場合、社内ネット
ワークの接続形態がどのようになっているのかという全体
像の把握や、インターネットに接続される大まかなメカニ
ズムの把握が必要になります。ここでは万が一、被害に遭
遇しても落ち着いて対応できるように、担当者として理解
しておくべきネットワークの基礎知識をみていきます。

[3-1]
ネットワークの構成を
理解する

「君がうちの会社では一番パソコンに詳しそうだから、よろしく頼むよ」

中小企業であれば、突然社長や上司からこのようにいわれ、青天の霹靂のようにネットワーク管理者になることがあります。パソコンは通常業務で触れる程度。しかし、会社のネットワーク管理者に突然抜擢されてしまったら、まず何をすればよいのでしょうか？ここでは、中小企業のネットワーク管理者になった時の心構えと、ネットワーク管理に最低限必要な知識について、整理しておきます。

基本 社内のネットワーク構成図を作成する ///////////////

　取り組みは、社内ネットワークの実態を把握するところから始めます。まずは現状の社内ネットワークをネットワーク構成図（物理構成図。121ページ参照）に落とし込みます。社内のネットワーク構成図ができあがると、一目でネットワークの概要を把握できるだけでなく「パソコンがインターネットにつながらない」「ネットワークが遅くなった」などの障害が発生した時の切り分け作業にも役に立ちます。

インターネットの接続口からネットワークケーブルの先をたどる

　社内のパソコンでインターネットを閲覧できるのであれば、必ずISP（インターネットサービスプロバイダ）との契約をしており、「光回線」「CATV（ケーブルテレビ）回線」「ADSL回線」などのネットワーク回線がオフィス内に来ています。

　まずは壁から出ているモジュラージャックや光コンセントを見つけましょう。光であれば回線終端装置、ADSLであればモデム、CATVであれば宅内端末装置などの接続機器が必ずあります。これらは光信号やアナログ信号を、パソコンで使えるように変換してくれる装置です。ここが社内から見たイン

ターネットの出入り口になります。

　まずはインターネットの接続口である、これらの装置を探します。

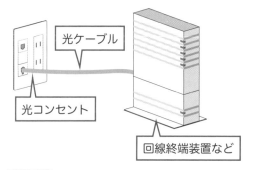

図3-1-1 光コンセントなどからターミナル装置などへの接続図

接続されている端末機器を把握し、ネットワーク構成図（物理構成図）に落とし込む

　壁から回線終端装置やモデムなどに接続されているケーブルとは別に、ネットワークケーブルが接続されていると思います。そのケーブルの配線を追っていくと、環境によりますが**ルータ**、**無線機能（Wi-Fi）つきルータ**、**スイッチングハブ**、**パソコン**、**複合機**、**プリンタ**、**ネットワークストレージ（NAS）**、**財務給与などの業務システム**、**サーバ**、**ネットワークカメラ**といった、さまざまな機器が接続されています。ネットワークの接続口である「上流」から、末端の情報機器である「下流」にどんどん下っていくイメージで、ネットワークに接続されている端末機器をノートなどに書き留めていきます。すでにネットワーク構成図がある場合は、その構成図を元に、自分で一からネットワーク構成を目視で追いつつ、接続状況を確認していきましょう。ネットワーク構成の物理的なイメージが明確になり、トラブルシューティングの時にも切り分けがしやすくなります。中には電源がついておらず、ホコリを被った接続機器などがあるかもしれません。不要なものは取り外すことで、ネットワークに接続されている機器の整理にもなります。

　その際に、接続機器の**メーカー名**、**モデル名**、**型番**などを控えておきましょう。控えておいたこれらの情報を後ほどインターネットで検索することで、それらの機器がどのような働きをするのか調べることができます。中には用途不明な端末機器が見つかるかもしれません。そういったものも曖昧にせずにネットワーク構成図の中に明記し、用途を調べましょう。

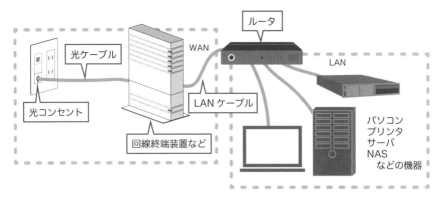

図3-1-2 ここまで確認した接続イメージ図

 社内ネットワークの設定情報を整理する ////////////

契約しているプロバイダ情報を整理する

　インターネットに接続されている場合は、必ず契約プロバイダに関する情報が書面などで残っているはずです（ない場合はプロバイダに連絡をして取り寄せる必要があります）。ネットワーク担当者としては、端末回線装置などが故障してインターネットにつながらなくなったり、ルータなどを入れ替える（上位機種へのアップグレードなどのケースもあります）場合に必要な情報ですので、このような資料がどこに保管されているのかを必ず確認しておきます。同時に、契約書や接続情報に記載されている情報を Excel などにまとめて整理しておくと、いざ作業に取り掛かるときに探す手間が省けます。なお、契約書類に記載されている **WAN アクセスタイプ（PPPoE など）**、**ユーザ名**、**パスワード**の 3 点は特に重要なので、しっかりと保管しましょう。

 ルータの設定を確認する ///////////////////////

　ネットワーク上に接続されている接続端末のネットワーク基本情報をすべて確認します。まずはインターネットの接続口に近い情報端末である**ルータ**の設定状況を確認するために、パソコンからルータにアクセスし、設定基本情報を把握します。ルータとは、ネットワーク上に流れる情報を他のネットワークに中継するために利用するネットワーク装置です。

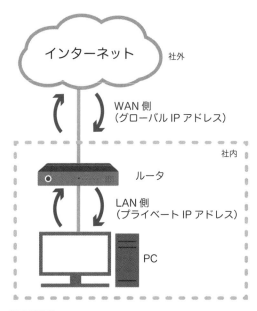

図3-1-3 ルータはネットワークに流れる情報を中継する役割を持つ

インターネットに接続されている側（外側）が WAN（Wide Area Network）、社内に接続されている側（内側）が LAN（Local Area Network）です。WAN 側には、プロバイダからの情報（WAN アクセスタイプ、ユーザ名、パスワード）が入力されているはずですが、プロバイダからの接続情報と同じデータが入力されていることを確認します。続いて、ルータの LAN 側に割り振られている IP アドレス／サブネットマスクなどの基本情報をメモしておきます。

図3-1-4 ルータでの設定画面例。プロバイダから与えられた「ユーザ名」と「接続パスワード」を入力する（画面はYAMAHA製ルータの例）

[3-2]

ネットワークの情報を得る

インターネットに接続するためのハードウェア環境や、プロバイダ情報などの確認が終わったら、次は社内パソコンのネットワーク設定状況を確認します。まずは自分のパソコンに設定されている情報を確認し、次に社内にあるパソコンの設定状況を確認していきましょう。社内ネットワーク環境の可視化は、ネットワーク管理ならびにセキュリティ状況把握の第一歩です。

 基本 自分のパソコンの設定情報を確認する ////////////

Winows 10の場合：

まずは自分の PC の名前を確認します。

［スタートメニュー］から［設定（歯車アイコン）］→［システム］→［この PC へのプロジェクション］の順にウィンドウを開いていきます。「PC 名」の箇所に自分のパソコンに割り当てられているコンピュータ名が表示されているので、まずはこれをメモします。

図3-2-1 「PC名」の箇所に表示されているコンピュータの名前をメモする。この例では「nasu-PC1」となっている

100

次に、ネットワーク設定情報をみていきます。

［スタートメニュー］から［設定（歯車アイコン）］→［ネットワークとインターネット］→［状態］→［ネットワークと共有センター］の順にウィンドウを開いていきます。［アクティブなネットワークの表示］→［アクセスの種類（この例では Wi-Fi）］をクリックし表示された画面で［詳細］をクリックします。すると、［ネットワーク接続の詳細］が表示されます。

図3-2-2 ［アクティブなネットワークの表示］→［アクセスの種類］をクリックする

図3-2-3 ［詳細］をクリック

図3-2-4 IPv4アドレス、IPv4サブネットマスク、IPv4デフォルトゲートウェイ、IPv4DHCPサーバー、IPv4DNSサーバーをメモする

これが、コンピュータに割り当てられているネットワーク基本情報です。
押さえるべき重要なネットワーク基本情報は

　　IPv4アドレス
　　IPv4サブネットマスク
　　IPv4デフォルトゲートウェイ
　　IPv4DHCPサーバ
　　IPv4DNSサーバ

の5つです。コンピュータに割り当てられているこれらの情報をメモして
いきます。

Macの場合：

　自分のパソコンの名前を確認します。左上にあるアップルメニューから［シ
ステム環境設定］→［共有］内に記載があります。

図3-2-5　［システム環境設定］→［共有］内にコンピュータ名が記載されている

　ネットワーク設定情報は［システム環境設定］→［ネットワーク］の順に
クリック。
　押さえるべき重要なネットワーク基本情報は以下の5つです。

　　IPv4アドレス
　　サブネットマスク
　　ルータ（デフォルトゲートウェイ）
　　DHCPサーバ
　　DNSサーバ

　緑色のボタンでアクティブになっているネットワーク（この場合は Wi-Fi）
を選択し［詳細］をクリックします。

図3-2-6 アクティブになっているネットワークを選
択して［詳細］をクリック

DHCP サーバが使用されており、IP アドレス、サブネットマスク、ルータ
（Windows の場合の名称はデフォルトゲートウェイ）の情報がそれぞれあり
ます。

図3-2-7 ネットワークの情報が表示される

DNS のタブに移ると、DNS サーバの IP アドレス情報が記載されています。
薄い表示で、DNS サーバのアドレスが表示されていますが、自動で割り当
てられている証拠です

DNSサーバのIPアドレス情報が表示される

 実践 自分のパソコンのネットワーク設定情報を
コマンドを使って確認する

　これらの情報は、OS に標準で搭載されている**コマンドプロンプト**、**ター
ミナル**と呼ばれる機能を使っても確認することができます。これらは「ネッ
トワークに接続できない」などのトラブルが発生した時にも利用できる便利
なツールなので使い方を覚えましょう。

　Windows 10 なら［Windows システムツール］内の［コマンドプロンプト］
として、Mac であれば［アプリケーション］→［ユーティリティ］内の［タ
ーミナル］としてそれぞれ存在します。また、Windows 10 では、タスクバ
ーの［ここに入力して検索］にて「cmd」と入力しても起動します。

【Windows10】

図3-2-9 コマンドプロンプトを起動し、「ipconfig /all」と入力し、[Enter]キーを
押す

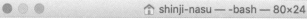

```
選択コマンド プロンプト

Wireless LAN adapter Wi-Fi:

   接続固有の DNS サフィックス . . . . . . :
   説明. . . . . . . . . . . . . . . . : Intel(R) Dual Band Wireless-AC 8265
   物理アドレス. . . . . . . . . . . . : 94-B8-6D-40-E4-44
   DHCP 有効. . . . . . . . . . . . . : はい
   自動構成有効. . . . . . . . . . . . : はい
   IPv6 アドレス. . . . . . . . . . . : 240b:10:2e0:8200:2898:a8a9:1fa5:abcf(優先)
   一時 IPv6 アドレス. . . . . . . . . : 240b:10:2e0:8200:a8a8:ac39:849b:2af4(優先)
   リンクローカル IPv6 アドレス. . . . : fe80::2898:a8a9:1fa5:abcf%8(優先)
   IPv4 アドレス. . . . . . . . . . . : 192.168.11.10(優先)
   サブネット マスク. . . . . . . . . : 255.255.255.0
   リース取得. . . . . . . . . . . . : 2020年6月28日 9:54:27
   リースの有効期限. . . . . . . . . . : 2020年6月30日 9:54:26
   デフォルト ゲートウェイ. . . . . . : fe80::6284:bdff:fe8f:f30e%8
                                      192.168.11.1
   DHCP サーバー . . . . . . . . . . . : 192.168.11.1
   DHCPv6 IAID . . . . . . . . . . . : 60078189
   DHCPv6 クライアント DUID. . . . . . : 00-01-00-01-22-CC-BC-D7-BC-C3-42-C3-A8-08
   DNS サーバー. . . . . . . . . . . . : 192.168.11.1
   NetBIOS over TCP/IP . . . . . . . : 有効
```

図3-2-10 すると、自分のパソコンのネットワーク設定情報が網羅的に表示される

【Mac】

```
● ● ●                    shinji-nasu — -bash — 80×24
Nasu-MacBook:~ shinji-nasu$ networksetup -getinfo Wi-Fi
```

図3-2-11 ターミナル画面を起動し、「networksetup -getinfo Wi-Fi」と入力し、[Enter]キー
を押す。「networksetup」は［システム環境設定］→［ネットワーク］のコマンド
版。「-getinfo Wi-Fi」のパラメータを付加することで、MacのWi-Fiに割り当てられ
ているIPアドレス、サブネットマスク、ルータ（デフォルトゲートウェイ情報）が表示
される

```
● ● ●                    shinji-nasu — -bash — 80×24
Nasu-MacBook:~ shinji-nasu$ networksetup -getinfo Wi-Fi
DHCP Configuration
IP address: 192.168.11.3
Subnet mask: 255.255.255.0
Router: 192.168.11.1
Client ID:
IPv6: Automatic
IPv6 IP address: none
IPv6 Router: none
Wi-Fi ID: 38:f9:d3:2c:23:77
Nasu-MacBook:~ shinji-nasu$
```

図3-2-12 ターミナル画面上に、自分のパソコンのネットワーク設定情報が表示される

3-2

ネットワークの情報を得る

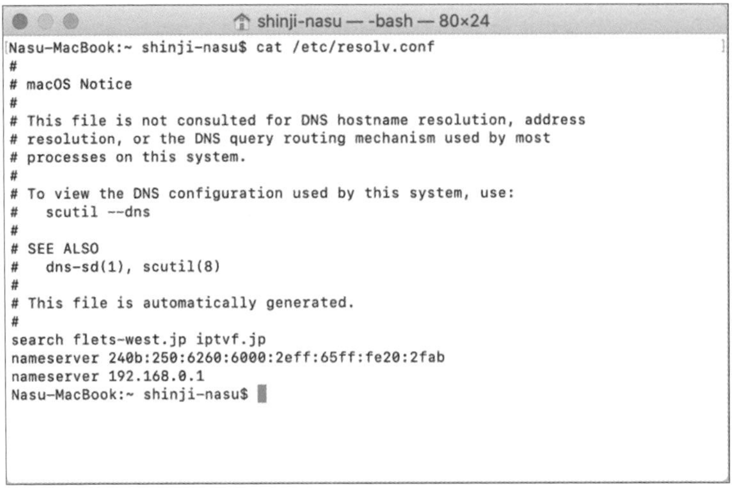

```
● ● ●                    ⌂ shinji-nasu — -bash — 80×24
Nasu-MacBook:~ shinji-nasu$ cat /etc/resolv.conf
#
# macOS Notice
#
# This file is not consulted for DNS hostname resolution, address
# resolution, or the DNS query routing mechanism used by most
# processes on this system.
#
# To view the DNS configuration used by this system, use:
#   scutil --dns
#
# SEE ALSO
#   dns-sd(1), scutil(8)
#
# This file is automatically generated.
#
search flets-west.jp iptvf.jp
nameserver 240b:250:6260:6000:2eff:65ff:fe20:2fab
nameserver 192.168.0.1
Nasu-MacBook:~ shinji-nasu$ █
```

図3-2-13 DNSサーバの設定情報を確認する場合は「cat /etc/resolv.conf」
と入力し、［Enter］キーを押す。DNSの設定情報は「/etc/resolv.
conf」というファイル内に書き込まれる。ファイル内を閲覧するコマン
ドである「cat」を用いてファイル内容を表示させる

[3-3]

TCP/IPを理解する

現在行われているインターネットの通信はすべて「TCP/IP」というプロトコル（通信の決まりごと）でやり取りされています。ネットワーク、セキュリティの基礎知識として必須である、TCP/IPの中でも、基本的な部分のみ説明します。

 基本 IPアドレスを理解する ////////////////////////////

　ネットワーク上でコンピュータを識別するために使われる IP アドレスを理解することは、ネットワーク管理者やセキュリティ担当者には必須事項です。

　ネットワークの基本情報に「192.168.2.101」などと表示されている項目がありました。これが「IP アドレス」です。**IP アドレスは、ネットワーク上のコンピュータを識別するための住所（アドレス）のことです**。同じ IP アドレスが同一ネットワーク上に存在してはいけません。そのため、パソコン A には 192.168.2.101、パソコン B には 192.168.2.102、サーバ C には 192.168.2.103、と別々のアドレスが割り振られています。

　社内に設定されているアドレスとしてよく見るのが「192.168.xx.xx」です。実は IP アドレスは、インターネット上で使うことができる「グローバル IP アドレス」と社内等で任意に使うことができる「プライベート IP アドレス」に分かれます。プライベート IP アドレスとして使ってもよい領域は次の 3 パターンに決められています。

　A：10.0.0.0 〜 10.255.255.255
　B：172.16.0.0 〜 172.31.255.255
　C：192.168.0.0 〜 192.168.255.255

よく見る「192.168.xx.xx」というのは、この中の C の領域の IP アドレスを使用している、ということなのです。

　インターネット上で使うことができるグローバル IP アドレスは、インターネットに接続するために、プロバイダから通常 1 つだけ割り当てられます。社内ではプライベート IP アドレスを利用しており、インターネットにアクセスするときには、ルータがプライベート IP アドレスをグローバル IP アドレスに変換し、通信しているのです（NAT、NAPT、IP マスカレードというアドレス変換技術を利用しています）。

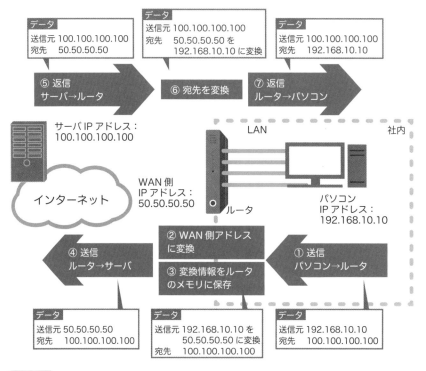

図3-3-1 NATによるアドレス変換

IPアドレスを固定する

　グローバルIPアドレスの割り当てはインターネット接続時にプロバイダから任意に割り当てられる場合がほとんどです。そのため、ルータを再起動した場合や、プロバイダの都合で、グローバルIPアドレスがコロコロと変わるケースがあります。

　その会社専用のアドレスとして１つのアドレスを固定して利用したい場合は、「固定IPアドレス」を申請することも可能です。たとえば、拠点が複数に分かれており、かつ、拠点間で情報のやり取りを安全に行うための技術として「インターネットVPN（バーチャルプライベートネットワーク）」というものがありますが、このようなものを利用する場合は、情報の中心となる本社に「グローバルな固定IPアドレス」を１つ割り当て、他の拠点からは本社の「固定IPアドレス」に向けて接続しにいくことで、安定したインターネットVPNを実現することが可能になります。

 基本 サブネットマスクを理解する ////////////////////

　ネットワークの基本情報のなかに「サブネットマスク：255.255.255.0」と明記された項目があります。IP アドレスは、ネットワーク上のコンピュータを識別するための住所（アドレス）であることは先ほど述べましたが、実はこの IP アドレスは**ネットワークアドレス**と**ホストアドレス**に分離されています。サブネットマスクとは IP アドレスを「ネットワークアドレス」と「ホストアドレス」に分離する際に使用するものです。

　この概念は、私たちが住んでいる「住所」と「個人」にも当てはまります。たとえば、「東京都世田谷区○○町○丁目○番地」に田中さんが家族 5 人で住んでいるとします（田中さんの自宅には田中 A さん、田中 B さん、田中 C さん、田中 D さん、田中 E さんの 5 人が住んでいます）。郵便局員が田中 E さん宛の手紙を持ってきました。この場合「同じ住所」の中に住んでいる「家族 5 人のうちの田中 E さん」宛に手紙が届いたわけですが、同一住所が「ネットワークアドレス」となり、個人が「ホストアドレス」に該当します。

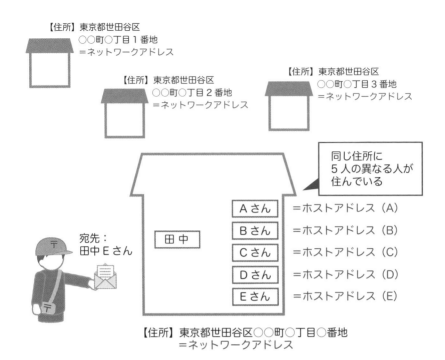

【住所】東京都世田谷区
○○町○丁目1番地
＝ネットワークアドレス

【住所】東京都世田谷区
○○町○丁目2番地
＝ネットワークアドレス

【住所】東京都世田谷区
○○町○丁目3番地
＝ネットワークアドレス

同じ住所に
5人の異なる人が
住んでいる

宛先：
田中Eさん

田中

Aさん	＝ホストアドレス（A）
Bさん	＝ホストアドレス（B）
Cさん	＝ホストアドレス（C）
Dさん	＝ホストアドレス（D）
Eさん	＝ホストアドレス（E）

【住所】東京都世田谷区○○町○丁目○番地
＝ネットワークアドレス

図3-3-2 サブネットマスクのイメージ

では、どのように分離しているのでしょうか。IP アドレスで表記される「192.168.2.1」などは、人間が見てわかりやすいように、10進数表記になっています。コンピュータの世界は「0か1」の2進数表記です。実は、コンピュータの世界では、IP アドレスは以下のように見えているのです。

11000000101010000000001000000001
（2進数表記。0と1で32桁の数字が並ぶ）

人間が見ると、これではあまりにもわかりにくいですよね？　そこで8桁ずつに区切ります。

11000000 ． 10101000 ． 00000010 ． 00000001
（ピリオドを入れて8桁に区切る）

さらに10進数表記に変えます。

192 . 168 . 2 . 1
（10 進数表記。人間が理解しやすいように変えた）

これが IP アドレス（IPv4）です。

では、サブネットマスクはどうでしょうか？　サブネットマスクでよく目にする「255.255.255.0」を 2 進数変換してみましょう。

11111111111111111111111100000000
（2 進数表記）

これを 8 桁に区切ります。

11111111 . 11111111 . 11111111 . 00000000
（ピリオドを入れて 8 桁に区切る）

10 進数表記にすると、次のようになります。

255.255.255.0
（10 進数表記。人間が理解しやすいように変えた）

次に、サブネットマスクを使って、ネットワークアドレスを導出します。2 進数変換した 32 桁の IP アドレスとサブネットマスクを掛け算（and）すればよいのです。ホストアドレスは、ネットワークアドレス以外のアドレスが該当します。

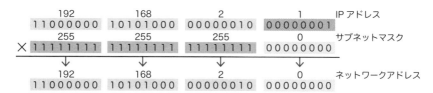

図3-3-3 IPアドレスとサブネットマスクを乗算（and）することで、ネットワークアドレスが導出される

このように、サブネットマスクは「192.168.2」というネットワークにいる「1」番を持つコンピュータ、というように、ネットワークとホストを分離するために必要になるものです。

ビットの話

　コンピュータの世界で扱われる共通言語は「0か1」という「2進数」表現が用いられます。コンピュータは電気信号で処理されているため、電気信号が与えられると「ON：1」、与えられないと「OFF：0」という単純な表現で情報処理が行われています。コンピュータの世界における最小単位が「ビット（bit）」です。「0」「1」という2つの選択肢から1つを特定するのに必要な情報量を「1ビット（bit）」と表現します。たとえばnビットの情報量では、2のn乗まで表現することができます。8ビットであれば、2の8乗、つまり最大で256の情報量を表現できることになります。なお、8ビットを1つの塊として1バイト（Byte）とも表現します。また、通信速度の表現方法として100Mbps（メガビーピーエス）などの表現を見たことがあると思います。M（メガ）は大きさの単位、bps（ビーピーエス）は1秒あたりの通信速度（bits per second）を表しています。

単位	読み方	意味
bit	ビット	情報量の最小単位
Byte	バイト	情報量 1byte = 8bit
bps	ビットパーセカンド	ビット毎秒（通信速度）

よく使われるコンピュータの情報単位

　ところで、スマホのデザリング機能などを利用してIPアドレス情報を見てみると、サブネットマスクが「255.255.255.240」などになっていることがありますが、これは一体なんでしょうか？

```
● ● ●                 ⏠ shinji-nasu — -bash — 80×24
Nasu-MacBook:~ shinji-nasu$ networksetup -getinfo wi-fi
DHCP Configuration
IP address: 172.20.10.2
Subnet mask: 255.255.255.240
Router: 172.20.10.1
Client ID:
IPv6: Automatic
IPv6 IP address: none
IPv6 Router: none
Wi-Fi ID: 38:f9:d3:2c:23:77
Nasu-MacBook:~ shinji-nasu$ ▊
```

図3-3-4 サブネットマスクが「255.255.255.240」になっている

実は、サブネットマスクにはルールがあり、「左から連続して1の羅列が続く数字」のみ利用することができます。たとえば以下のようなものです。

255 → 11111111　…左から連続して1の羅列が8つ続いている
254 → 11111110　…左から連続して1の羅列が7つ続いている
252 → 11111100　…左から連続して1の羅列が6つ続いている
248 → 11111000　…左から連続して1の羅列が5つ続いている
240 → 11110000　…左から連続して1の羅列が4つ続いている
224 → 11100000　…左から連続して1の羅列が3つ続いている
………

先ほど説明したのと同様に、ネットワークアドレスを導出してみましょう。

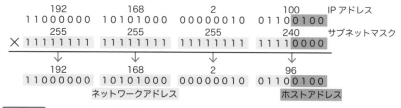

図3-3-5 サブネットマスク「255.255.255.240」のネットワークアドレスを導出

この場合、ネットワークアドレスは「192.168.2.96」となります。

同様にホストアドレスを導出します。ホストアドレスは、ネットワークアドレスの右側の部分、4つの0が連続している部分（濃い色の箇所）になります。上記の例の場合、「192.168.2.96」というネットワークにいる「0100」のコンピュータがホストとなります。「0100」は10進数変換すると「4」ですので、正しくは「192.168.2.96」というネットワークにいる、ホストアドレス「4」番をもつコンピュータ、ということになります。

このように、ネットワークとホストを分離する方法を **CIDR（Classless Inter Domain Routing: サイダー）** と呼びます。

たとえば

IPアドレス　　　　　　：192.168.2.1
サブネットマスク　　　：255.255.255.0

があるとします。この場合、「192.168.2」のネットワークアドレスを持ち、ホストアドレス「1」番を持つコンピュータという意味になります。ホストとして割り当てられるコンピュータの数は 254 台（ホストアドレス 1 〜 254 の範囲）です。仮に、10 台しか端末がない場合、ホストとして割り当てられる 244 台分（254 台 -10 台）の無駄な IP アドレス空間が残ってしまうことになります。そこで、サブネットマスクを利用し、ネットワークアドレスを調整して、ホストの数を効率的に割り当てられるようにしたのが CIDR という概念である、と理解してください。

つまり、先の例で示した

IP アドレス　　　　　　 ： 192.168.2.100
サブネットマスク　　　 ： 255.255.255.240

の場合、割り当てられるホスト数は「1 〜 14」になります。

こうすることで、無駄なく効率的に IP アドレスを割り当てることができるようになります。

なお、サブネットマスクを簡略化して表記する方法もあります。サブネットマスクは 1 ビットの羅列ですから、たとえば

IP アドレス　　　　　　 ： 192.168.2.1
サブネットマスク　　　 ： 255.255.255.0

の場合は、IP アドレスの後ろに「/」をつけて

192.168.2.1/24

という表記にします。

IP アドレス　　　　　　 ： 192.168.2.100
サブネットマスク　　　 ： 255.255.255.240

の場合は、IP アドレスの後ろに「/」をつけて

192.168.2.100/28

となります。

　このような表記方法を「プレフィックス」と言います。ネットワークを知る上では基本的な概念なので、こちらも合わせて理解してください。

10進数表記	2進数表記	プレフィックス	ホスト数
255.255.255.0	11111111.11111111.11111111.00000000	/24	254
255.255.255.128	11111111.11111111.11111111.10000000	/25	126
255.255.255.192	11111111.11111111.11111111.11000000	/26	62
255.255.255.224	11111111.11111111.11111111.11100000	/27	30
255.255.255.240	11111111.11111111.11111111.11110000	/28	14
255.255.255.248	11111111.11111111.11111111.11111000	/29	6
255.255.255.252	11111111.11111111.11111111.11111100	/30	2

図3-3-6 サブネットマスクの進数表記とプレフィックス、ホスト数の関係

 基本 デフォルトゲートウェイを理解する ////////////////

　「デフォルトゲートウェイ」とは、ネットワークの出入り口（ゲートウェイ）のことです。通常、ルータのLAN側に割り振られているIPアドレスのことを指します。パソコンがデータのやり取りをする際に、宛先が自分と同じネットワーク以外の場所にあり、経路がわからない場合に、とりあえず中継を依頼する先のことです。ほとんどの場合はルータがデフォルトゲートウェイになります。これが設定されていないと、同一ネットワークセグメント以外の場所にある情報（インターネット等）とやり取りができなくなるため、Webブラウザ上ではエラーを起こしてインターネット閲覧ができない、ということになります。

3-3

TCP/IPを理解する

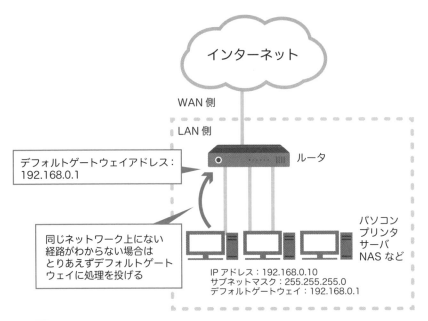

インターネット

WAN 側

LAN 側

デフォルトゲートウェイアドレス：
192.168.0.1

ルータ

同じネットワーク上にない
経路がわからない場合は
とりあえずデフォルトゲート
ウェイに処理を投げる

パソコン
プリンタ
サーバ
NAS など

IP アドレス：192.168.0.10
サブネットマスク：255.255.255.0
デフォルトゲートウェイ：192.168.0.1

図3-3-7 デフォルトゲートウェイ

 基本 DHCPを理解する //////////////////////////////

　パソコンやネットワーク接続用のハードディスク（NAS）を、物理的に
LAN、もしくは無線 LAN 上につなげると、特に意識しなくてもネットワー
クにつながり、インターネットを利用できるケースがあります。これはルー
タなどのネットワーク機器で IP アドレスを自動的に割り当てる機能が有効
になっているためです。IP アドレスを自動的に割り当てる機能（サービス）
のことを DHCP（Dynamic Host Configuration Protocol）といいます。

　ルータの DHCP 機能が ON になっている場合、ルータが「DHCP サーバ」
になります。

　Windows の「ネットワークの接続の詳細」項目で「DHCP 有効：はい」
と表示されている場合、DHCP サーバの IP アドレス、リースの取得日、リ
ースの有効期限がそれぞれ表示されています。

　この場合、パソコンに割り当てられた IP アドレスは DHCP 機能で自動的
に割り振られた、ということになります。

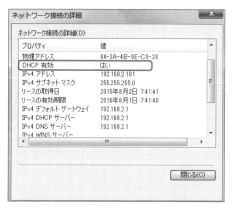

図3-3-8 ［ネットワークの接続の詳細］ダイ
アログボックスの［DHCP有効］を
チェック

COLUMN

自動割り振りに失敗したとき

　ノートPCを外出先等のWi-Fiスポットなどにアクセスするとインターネットに接続できるようになります。これはWi-Fi（無線LAN）がDHCP機能を用いて、ノートパソコンにIPアドレスを自動割り振りしているのです。なお、IPアドレスの自動割り当てに失敗すると、IPアドレスの設定欄が169.254.XX.XXになるケースがあります。この場合、インターネットへの接続はできませんのでコマンドプロンプトで

C:¥>ipconfig /renew【Enter】

と実行してみてください。これは再度IPアドレスを割り当てるためのコマンドです。これでも解決しない場合は、DHCPサービスが動いていない（ルータの問題など）、パソコンの無線LANカードが故障している、ルータが故障している、などの要因が考えられます。
　このように、コマンドプロンプトはトラブルシューティングでよく使うのでネットワーク管理者はしっかりとマスターしましょう。

インターネット上での通信は IP アドレスを用いてやり取りしていますが、これは人間にとってわかりやすいとはいえません。わかりやすく処理するために登場したのが DNS という概念です。インターネットの利用には必須なので、しっかりと理解しましょう。

　Web ブラウザを立ち上げて、「https://www.ooooo.co.jp」のような URL を入力して［Enter］キーを押すと、該当する Web サイトが開きます。この URL の「ooooo.co.jp」の部分を**ドメイン名**といいます。ドメイン名とはインターネットの住所のことで、グローバル IP アドレスと紐付いています。すでに述べたとおり、コンピュータは IP アドレスを住所として通信を行いますが、IP アドレスはただの数値の羅列なので私たちにとっては覚えづらく不便です。

　そこで、わかりやすい文字列にしたのが「ドメイン名」で、IP アドレスとドメイン名を紐付け、ドメイン名を IP アドレスに変換してくれるサーバが「DNS（Domain Name System）サーバ」です。Web サイトの URL を、ドメイン名でなく IP アドレスで入力してもサイトが開きます。

　「ホームページが開かない」という状態で、サイトの IP アドレスを直接入力した場合、問題なく閲覧できる状況であれば、「DNS サーバ」が登録されていない可能性がありますので、［ネットワーク接続の詳細］に「DNS サーバ」の IP アドレスが明記されているかどうか、確認してみてください。

図3-3-9　［ネットワークの接続の詳細］ダイアログボックスの［DNSサーバ］にIPアドレスが表示されているか確認

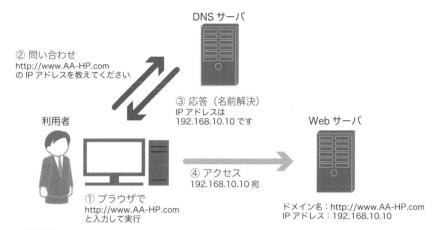

② 問い合わせ
http://www.AA-HP.com
の IP アドレスを教えてください

DNS サーバ

③ 応答（名前解決）
IP アドレスは
192.168.10.10 です

利用者

Web サーバ

④ アクセス
192.168.10.10 宛

① ブラウザで
http://www.AA-HP.com
と入力して実行

ドメイン名：http://www.AA-HP.com
IP アドレス：192.168.10.10

図3-3-10 DNSの仕組み

COLUMN

httpとhttpsの違いについて

　「http」は端末（PCやスマホ）で利用しているブラウザとWebサイト（Webサーバ）間の通信が暗号化されていないサービス。インターネット上を流れる通信データが暗号化されておらず、生データがそのままインターネット上に流れてしまいます。そのため、たとえば「お問い合わせフォーム」がhttpとして稼働しているWebサイトの場合、入力情報がインターネットを流れる中で漏えいしてしまう可能性があります。

　それを回避する方法として「https」があります。これは、端末のブラウザとWebサイト（Webサーバ）間の通信が暗号化されるサービスであるため、「お問い合わせフォーム」に情報を入力、送信したとしても、インターネット上を流れる間に情報漏えいが起こる可能性は極めて低くなります。ECサイトでの買い物やインターネットバンキングを利用する際などは、必ず「https」になっていること確認するようにしましょう。

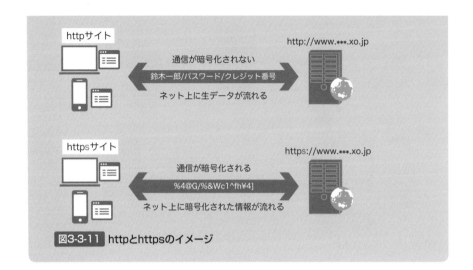

図3-3-11 httpとhttpsのイメージ

 実践　ネットワーク設定一覧表に落とし込む //////////////

　コンピュータ名やIPアドレスなど、これまでに調べた内容は「ネットワーク設定一覧表」としてまとめておきましょう（図3-3-12）。ネットワークの「物理構成図」と一緒にまとめておくことで、新しいパソコンの追加や、トラブル発生時に「どこに」「何が」「どの設定」で配備されているのかがすぐにわかるようになるため、早期解決につながります。また、新しくシステムを導入する際に業者と打ち合わせをする場合や、業務の引継ぎが発生したときなどにもコミュニケーションがとりやすくなります。もちろん、社長や部長等の上役に報告するときにも「わが社のネットワークはこのようになっており…」とわかりやすく説明することができるようになります。

　自分で会社のネットワークを管理するにあたり、すべての構成を網羅して把握することは非常に重要です。お勧めは「自分の目で確かめる」「自分の手足をしっかりと使う」ことです。

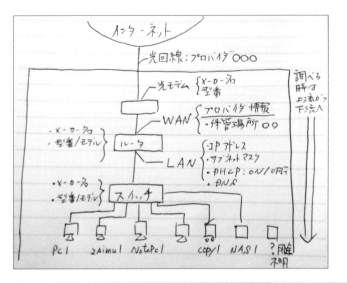

コンピュータ名	IPアドレス	サブネットマスク	デフォルトゲートウェイ	DNSサーバ	DHCP	種類	メーカー	型番	用途
PC1	192.168.200.10	255.255.255.0	192.168.200.1	192.168.200.1	OFF	パソコン	P社	○○○	社長用デスクトップPC
zaimu1	192.168.200.20	255.255.255.0	192.168.200.1	192.168.200.1	OFF	財務パソコン	N社	○○○	財務用PC
NotePC1	-	-	-	-	ON	パソコン	L社	○○○	営業用持ち出しPC
NAS1	192.168.200.30	255.255.255.0	192.168.200.1	192.168.200.1	OFF	ファイルサーバ	B社	○○○	ファイル共有&バックアップ
・・・・									

図3-3-12 ネットワーク物理構成図（上）とネットワーク設定一覧表（下）。ネットワーク物理構成図は内容がわかればよいのでとりあえず手で描く。設定一覧表はExcelなどでまとめておくと便利

 フリーソフトを使ってネットワーク情報を自動収集する

PCの台数が多くなると、一つ一つの情報を確認するだけでもかなりの時間を要してしまいます。フリーソフトである **Advanced IP Scanner** を使えば、ネットワーク情報を自動収集することができ、業務工数を減らすことにつながります。同一ネットワークセグメントにあるパソコンの名前やIPアドレスなど、社内のネットワーク基本情報をすばやく集めることができるようになります。PCがパーソナルファイアウォール等で通信をブロックしている場合は、ネットワーク情報として表示されない可能性もあるので注意が必要です。

図3-3-13 Advanced IP Scanner。コンピュータ名やIPアドレスなど
の一覧を印刷できるので便利

http://www.advanced-ip-scanner.com/jp/

ネットワークセグメント

　ネットワークを構成するまとまりのこと。たとえば4つのパソコンが以下
のように設定されている場合、パソコンAとBは同一セグメントに属し、パ
ソコンCはパソコンA、Bとは別セグメントに属する、といえる。なお、ネ
ットワークセグメントはサブネットマスクによって分離する（「サブネット
マスクを理解する」（109ページ）参照）。

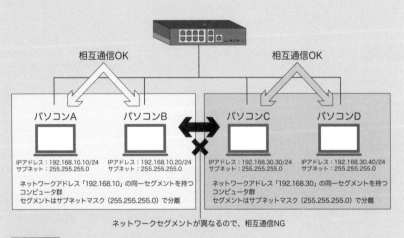

図3-3-14 ネットワークセグメントのイメージ

パーソナルファイアウォール

　ネットワーク全体を守るのではなく、個々のパソコンを守るために、パソコン上に搭載されるファイアウォールのこと。ウイルス対策ソフトの利用時に併用されることが多い。パソコン上で送受信されるパケット（データのひとかたまり）を監視し、通信の許可や拒否を決めるため安全性は高くなるが、社内ネットワーク上の通信確認を行う必要がある際に、通信をブロックしてしまうなどのデメリットもある。

4章

すぐできるセキュリティ対策
の基本

ここでは、ネットワークなどの専門知識がなくてもでき
る、基本的なセキュリティ対策を紹介します。ユーザーレ
ベルで目の前のパソコンに対して行う対策と、管理者とし
てやっておくべき対策に分けて紹介しています。いずれも
基本的ゆえに重要な施策ばかりなので、しっかりとチェッ
クしていきましょう。

[4-1]
自分でできるセキュリティの基本設定

まずはユーザレベルでやるべきセキュリティ対策として、目の前にあるパソコンの設定をチェックしましょう。基本的な部分ですが、それだけに重要かつ抜けていることが多いところでもあります。

 基本 OSがセキュリティ面で最新状態になっているかを確認する ////

インターネットを利用するにあたり OS の**脆弱性**を突いた攻撃で被害に遭遇するケースが後を絶ちません。まずは OS が最新の状態になっているかどうかを確認しましょう。

Windows 10の場合：

［スタートメニュー］の［設定］から［更新とセキュリティ］を選びます。すると Windows Update が表示され、更新プログラムがある場合は詳細が表示されるので、画面の指示に従ってインストールします。

図4-1-1　［設定］の［更新とセキュリティ］（左画面）を選択するとWindows Updateが表示される（右画面）

Macの場合：

左上の［リンゴマーク］→［システム環境設定］→［ソフトウェアアップデート］を選びます。システムが最新の状態になっていることを確認します。

図4-1-2 ［ソフトウェアアップデート］を選択

図4-1-3 ［Macを自動的に最新の状態に保つ］にチェックが入っていることを必ず確認

なお、Windows も Mac も更新プログラムを適切に割り当てるには、割り当て後パソコンを再起動する必要があります。再起動をしないでそのまま利用している場合、脆弱性を残したままになる恐れがあるので気をつけてください。

 基本 ブラウザが最新状態になっているかを確認する //////////

OS の更新プログラムの適用と同様に、「ブラウザが最新状態になっているかどうか」の確認は必須です。ブラウザの脆弱性を突き、遠隔操作プログラムなど悪意のあるプログラムを仕掛けられるケースは継続して起こり続けて

います。これを防ぐためにもブラウザの修正プログラムがリリースされていないか確認し、常に最新の状態に保つようにしましょう。

Internet Explorerは使用しない

　Windows 10になり、標準ブラウザが Microsoft Edge（エッジ）に変わったため、ユーザが意識しなければ Internet Explorer（以下 IE）を使うことはないかもしれません。しかし、以前から慣れ親しんでいるブラウザとして使われるケースや、そもそも IE でなければ動かない Web アプリケーションがいまだに存在しており（公共事業の電子入札、Web を使った業務システム、ネットバンキングでの証明書発行など）、やむをえず利用しているケースも頻繁に見かけます。なお、Windows 10には引き続き IE が残っており、「Windows アクセサリ」の中から起動することも可能です。

　やむをえず IE を使う場合に気をつけたいのは、IE は脆弱性が残っているブラウザであるという点です。マイクロソフト社がセキュリティアップデートの更新を取り止めており、ネットサーフィンでの利用は危険であるという注意喚起を行っています。それを知らずにネットサーフィンしてしまうのは大変危険です。

　原則として、IE でのインターネット利用はしないようにしてください。どうしても使わなければならない Web アプリケーションがある場合、そのアプリに限定し、ネットサーフィンや通常利用するブラウザは他のもの（Edge、Chrome、Firefox など）にしてください。

Microsoft Edgeの場合：Windowsのみ

　ブラウザを立ち上げ、右上にある「…」アイコンから［設定］をクリックします。［設定］の一番下にある［Microsoft Edge について］をクリックするとバージョン情報が表示されます。最新状態になっているかを確認します。

図4-1-4 ブラウザを立ち上げ、右上にある「…」アイコンから［設定］をクリック

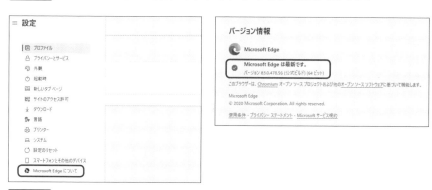

図4-1-5 ［Microsoft Edgeについて］をクリックするとバージョン情報が表示される

Google Chromeの場合：Windows、Mac共通

　Google Chrome（以下 Chrome は、世界的にも、日本においてもシェアNo.1 のブラウザです。セキュリティ対策については、基本的には自動更新されるようになっているため、最新状態になっているかどうかを目視で確認します。基本的に自動更新されるのですが、PC の再起動を行わない状態で使い続けていると、バージョンアップが適切になされていない場合もありますので、注意してください。画面右上のメニューをクリックし、［Google

Chromeについて］を選択します。表示された画面で「Google Chrome は
最新版です」となっているかどうかを確認してください。

図4-1-6 ［Google Chromeの設定］メニューにある［Google Chromeについて］をクリックし最新版かどうかを確認する

図4-1-7 アップデートが適用されていなかった場合は適用後「再起動」を行う

Firefoxの場合：Windows、Mac共通

　Firefox も利用者が多い、人気のブラウザの一つです。

　Google Chrome と同様に、セキュリティ対策については、基本的に自動
更新されるようになっています。こちらも最新版になっているかどうかを目
視で確認します。

　Windows の場合、右上にあるメニューボタンをクリックし、［ヘルプ］を
選択します。続いて［Firefox について］をクリックし、「Firefox は最新バ
ージョンです」となっているかどうかを確認してください。

図4-1-8 メニューボタンから［ヘルプ］をクリックし、［Firefoxについて］をクリック。最新版かどうか確認する

　Mac の場合、Firefox アプリを立ち上げている状態で［Firefox について］を選択すると、バージョン情報が表示されます。

図4-1-9　［Firefox］→［Firefoxについて］を選択するとバージョン情報が表示される

 基本　Adobe Readerを最新状態にする
：Windows、Mac共通

　PDF データを閲覧するためのアプリケーションである Adobe Acrobat Reader。頻繁に使うアプリケーションだからこそ、脆弱性が見つかった場合に悪意のある攻撃者から狙われる可能性が高まります。実際に、深刻な脆弱性が見つかり緊急アップデートが必要となったケースもありました。常に

最新の状態を保つようにしましょう。

Windows の場合も Mac の場合も、Acrobat Reader を立ち上げている状態で、[ヘルプ] から [アップデートの有無をチェック] の順にクリックしていきます。

図4-1-10 [ヘルプ] をクリックし、[アップデートの有無をチェック] をクリック。アップデートする必要がある場合、その指示に従う

 Microsoft Office関連を最新状態にする //////////

Word や Excel、PowerPoint など、業務上で利用するケースが多い Microsoft Office 関連も狙われる可能性の高いアプリケーションです。こちらも常に、最新状態を保つようにしましょう。

Windows の場合、[設定] から [更新とセキュリティ] を選び [詳細オプション] をクリックします。[Windows の更新時に他の Microsoft 製品の更新プログラムを受け取る] を [オン] にします。これで、Windows のアップデートと同様に Office のアップデートもできるようになります。

図4-1-11 更新プログラムのオプションで [Windowsの更新時に他のMicrosoft製品の更新プログラムを受け取る] を [オン] にする

Macの場合、WordなどのOfficeアプリケーションを開いた上で、トップメニューから［ヘルプ］→［更新プログラムのチェック］の順に開きます。「更新」ボタンをクリックすると、アプリケーションごとに最新状態にアップデートできます。

図4-1-12 ［ヘルプ］→［更新プログラムのチェック］をクリック

図4-1-13 ［更新］ボタンをクリックすると最新状態にアップデートできる

　Microsoft AutoUpdate画面で［詳細設定］ボタンをクリックすると、［ユーザ設定］画面が表示されます。［自動的にダウンロードしてインストール］にチェックを入れると、更新プログラムを自動インストールすることができるようになります。

図4-1-14 ［自動的にダウンロードしてインストール］に
　　　　　　チェックを入れると更新プログラムが自動インス
　　　　　　トールされるようになる

 基本 ウイルス対策ソフトも最新状態にする ////////////

　「WindowsなどのOSにセキュリティパッチを当て最新の状態にする」「ブラウザや各種アプリケーションを最新の状態にする」と同様に「ウイルス対

策ソフトを最新の状態にする」という取り組みは、基本的なセキュリティ対策として実行する必要があります。

　ウイルス対策ソフトだけではすべてのウイルスを防ぐことはできないことは述べましたが、だからといってウイルス対策ソフトを導入せずにパソコンを使い続けるのは危険です。過去に発生したウイルスやその亜種がインターネットを回遊していたり、メールとして出回っているケースがいまだにあるためです。

 紙媒体での情報漏えいリスク////////////////////

　パソコンなどの情報機器、インターネット等の通信媒体からの情報漏えいリスクに目が行きがちですが、紙媒体を経由した情報漏えいリスクがあることもしっかりと認識した上で、対策しなくてはいけません。紙媒体での情報漏えいリスクは、

・機密情報等の意図（故意）的な持ち出し
・機密情報等の持ち出しによる紛失、置き忘れ（過失）
・機密情報が見える状態でゴミ箱等に捨ててしまい流出
・管理体制が甘く、機密情報等を見える状況にすることで閲覧権限のない人の目に入る
・機密情報などを机上に放置したまま帰宅するなど、クリアデスクポリシーの不徹底

　など、多くあります。オフィスに監視カメラをつけるだけで、社員の不審な行動の抑止につながります。また、「シュレッダー」の利用や「一括溶解処理」の業者に依頼することによって、ゴミ箱などからの情報流出を防止することにもつながります。

管理者がすべき
セキュリティ対策と心がけ

ここからは、ネットワーク管理者がやるべき対策・設定を紹介していきます。各自ができることも含まれますが、管理者として、定期的に各ユーザの設定状況やバックアップ状況をチェックするといった心がけが必要です。

 基本 ウイルス対策ソフトは統一して、一元管理する

　パソコンが増えてくると、一つ一つのパソコンでウイルス対策ソフトが最新の状態になっているのかをチェックするのは物理的に難しくなります。また、ウイルス対策ソフトそのものがバラバラであると、万が一1台のパソコンでウイルス被害に遭遇したとしても、他メーカーのウイルス対策ソフトでは防御がされているのか、きちんと処理されているのか、そもそもパターンファイルが最新の状況なのか等、対策面、管理面で問題が発生します。また、毎年のライセンス更新の際、パソコンAは4月に支払いが生じ、パソコンBは6月に支払いが生じるなど、更新管理と支払い方法が面倒になります。ウイルス対策ソフトはメーカーを統一し、一元管理して常にパターンファイルが最新状態になっているかどうか把握することをおすすめします。一元管理する方法としては**サーバ管理型**と**クラウド管理型**に分かれます。

サーバ管理型

　サーバ管理型は社内にウイルス対策の管理サーバを立て、ネットワーク上につながっているクライアントなどのパターンファイルの更新状況や、ウイルス感染状況などを一元管理する方法です。社内にサーバを立てる必要があるため、すでにサーバを保有している場合でないと、サーバを購入するための初期導入コストが発生します。

クラウド管理型

　クラウド管理型は、社内にウイルス対策サーバを立てず、インターネット上でクラウドサービスを契約することで、クラウド上でパターンファイルの更新管理、ライセンス管理やウイルス感染状況等を一元管理する方法です。サーバを立てる必要がないため、初期導入コストを抑えることができます。

COLUMN

ウイルス対策ソフトの一元管理はクラウド型が主流になる

　テレワークにより、自宅や外出先などでフレキシブルに仕事をするケースが増えている昨今では、ウイルス対策ソフトの一元管理はクラウド型を利用することが主流になります。サーバ管理型の場合、持ち出しPCのパターンファイルの更新が最新状態を保てなくなったり、社内にPCを持ち込んだり、インターネットVPNなどを用いて社内に繋がないといけなかったりと制約が出てしまいます。フレキシブルな仕事にはフレキシブルなセキュリティ対策が求められるので、今後はますますクラウド形が主流になることでしょう。

図4-2-1 クラウド管理型でウイルス対策ソフトを一元管理している例。社員がどこで働いていても、最新状況をクラウド上で把握、管理することができる（写真はF-Secure社のウイルス対策ソフト「Protection Service for Business」管理画面）

実践 OSやアプリケーションも一元管理する ///////////

　Windows や Mac などの OS アップデートやアプリケーションのアップデートを個々のマシンに任せずに会社として一元管理し、常に最新状態を保つことが理想的です。Windows であれば WSUS（Windows Server Update Service）やクラウド型のサービスである Microsoft Intune などを使うと一元管理できますが、環境構築やコスト面でのハードルが高く、中小企業では導入を躊躇するかもしれません。クラウド型のウイルス対策ソフトや資産管理ソフトの中には、これらを一元管理できる機能を有しているサービスもあります。常に最新状態を保つために、このようなサービスを積極的に利用しましょう。

図4-2-2 クラウド管理型でOSやアプリケーションの脆弱性を一元管理する例。デバイスを選択し［ソフトウェアアップデート］をクリックすると、最新状態にすることができる（写真はF-Secure社のウイルス対策ソフト「Protection Service for Business」管理画面）

 実践 ファイルサーバ（NAS）を適切に設定・管理する //////////

　NAS（Network Attached Storage）はファイルサーバを専用端末化した機器です。取り扱いも簡単で、比較的安価に社内データを共有できるため、社内の共有ファイルサーバとして利用している企業もあると思います。
　共有データを保存するにあたり、全員に公開してもよい汎用的な情報と、特定の人のみ閲覧・修正可能な機密情報があるとします。たとえば社内でノウハウを共有するために、営業部門作成の提案書や企画書などは共有し、自由に閲覧可能にする。一方で人事考査や査定情報など、経営者や一部の総務担当のみ閲覧、修正可能な情報は該当する人のみにしか公開しない。このよ

うな設定は、NAS のアクセス権設定を使うことで可能になります。NAS には「Linux ベース」と「Windows Storage Server ベース」がありますが、どちらにも共通しているのが NAS に「ユーザ ID」と「パスワード」を設定し、「共有フォルダ」単位でアクセス権限を付与することができる点です。

図4-2-3 NASの例（写真は、ロジテックLSV-5S4CQW）

たとえば全員がデータの閲覧、修正ができる共有フォルダ「全員フォルダ」と、経営者と総務部のみが閲覧、修正ができる共有フォルダ「総務フォルダ」、経営者、総務部は閲覧、修正ができ、かつ営業部、技術部は読み取りのみ可能な「お知らせフォルダ」を作るとします。その場合は Excel などで下のような表を作り、ユーザ単位でアクセス権限をどのように付与するかを整理します。

役職	ユーザ名	属性情報	フルコントロール	読み取りのみ	…
代表取締役	Aさん	経営者	全員フォルダ、総務部フォルダ、お知らせフォルダ	-	…
専務取締役	Bさん	経営者	全員フォルダ、総務部フォルダ、お知らせフォルダ	-	…
部長	Cさん	総務部	全員フォルダ、総務部フォルダ、お知らせフォルダ	-	…
課長	Dさん	総務部	全員フォルダ、総務部フォルダ、お知らせフォルダ	-	…
担当	Eさん	総務部	全員フォルダ、総務部フォルダ、お知らせフォルダ	-	…
部長	Fさん	営業部	全員フォルダ、営業部フォルダ	お知らせフォルダ	…
課長	Gさん	営業部	全員フォルダ、営業部フォルダ	お知らせフォルダ	…
…	…	営業部	全員フォルダ、営業部フォルダ	お知らせフォルダ	…
…	…	営業部	全員フォルダ、営業部フォルダ	お知らせフォルダ	…

図4-2-4 アクセス権限をまとめた表

なお、NAS の選定としては、ビジネスで利用する場合は法人向け NAS を利用しましょう。

最低でもハードディスクを2台以上使用して、万が一ハードディスクが1台故障してもデータを喪失するリスクを減らすことができるRAID 1以上にすることをおすすめします（RAIDについては34ページのKEYWORDを参照）。

 基本 データをバックアップする /////////////////////////

　企業が保有する情報の価値が高まっています。それにともない重要になってくるのが**バックアップ**です。パソコンやサーバの故障、紛失、落雷等の過電流によるハードディスク破損、重要データを誤って削除してしまう等の人的被害。さらに、ランサムウェア等によってデータを暗号化されてしまうケースもあります。このように、データの喪失リスクは至るところにあるものです。データをバックアップ（複製を保存・管理すること）することで、データ喪失リスクを最小限に抑えることができます。データの喪失は、経営の根幹を揺るがしかねないほどの経営リスクです。しっかりとバックアップを取りましょう。

 基本 バックアップの種類 /////////////////////////////

　データのバックアップにはいくつか種類があります。

イメージバックアップ

　パソコンのOSやインストールされているソフト、保存されているデータを丸ごとバックアップする方法です。パソコンが破損した場合に、保存した状態を環境ごとリカバリ（復元）することができます。データ容量によってはバックアップに時間がかかります。

フル（完全）バックアップ

　指定したファイルやフォルダをすべてバックアップする方法です。データ容量によってはバックアップに時間がかかります。

増分バックアップ

　前回バックアップしたデータ（ファイルやフォルダ等）に追加や変更が発

生したもののみ、バックアップをする方法です。追加や変更が発生したデータのみバックアップをするため、フルバックアップよりもバックアップ時間が短くなります。

差分バックアップ

前回フルバックアップした以降に、データ（ファイルやフォルダ等）の追加・変更が発生したもののみバックアップする方法です。フルバックアップしたデータ以降のデータをバックアップするため、フルバックアップよりもバックアップ時間が短くなりますが、増分バックアップよりもバックアップ時間が長くなります。

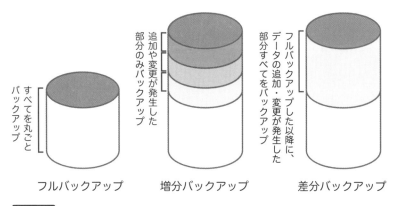

フルバックアップ　　　　　増分バックアップ　　　　　差分バックアップ

図4-2-5 バックアップの種類

 基本 バックアップの方法 ////////////////////////////

データのバックアップ方法には「ローカルバックアップ」「ネットワークバックアップ」「クラウドバックアップ」の3種類があります。

ローカルバックアップ

パソコンに直接接続したハードディスクや USB メモリ、DVD 等にデータのバックアップを取る方法です。特別な技術も不要なので、誰でも簡単にバックアップが取れます。

ネットワークバックアップ

　ネットワーク上に接続されている NAS やファイルサーバにバックアップ
を取る方法です。社内のネットワーク上に設置する必要があるため、ネット
ワークに関する基本的な知識が必要になります。ネットワーク上にバックア
ップしたデータをさらにローカルにバックアップする方法もあります。

クラウドバックアップ

　インターネットにあるクラウドサーバ上にバックアップを取る方法です。
社内に新しい設備を用意する必要がなく、サービスによってはすぐに利用で
きるものもあります。無料で利用できるものもありますが、法人対応で大容
量のバックアップが必要な場合は有償で、月額費用が発生するものもありま
す。

 実践 Windowsの標準機能「Windowsバックアップ」を利用する

　Windows には標準でバックアップ可能なツールが提供されています。こ
れを利用すれば、簡単にバックアップを取ることができます。バックアップ
するにはデータをコピーする記憶媒体（USB 端子を使って接続する「外付け
HDD」や「USB メモリ」や、書き込み可能な「DVD/CD」等）が必要になり
ます。なお、バックアップの方法によって利用できる記憶媒体が異なります
ので注意が必要です。大容量のデータを保存でき、パソコン全体を丸ごとバ
ックアップできる「外付け HDD」がオススメです。

バックアップの種類によって利用できない記憶媒体がある

バックアップの方法	外付け HDD	USB メモリ	書き込み可能な DVD や CD
特定のフォルダやファイルを バックアップ	○	○	○
パソコン全体をまるごとバッ クアップ	○	×	×

　ここでは特定のフォルダやファイルを「定期的に実行」する方法について
みていきます。

Windows 10の場合：

まずは記憶媒体（外付け HDD など）をパソコンに接続します。［コンピュータ］画面上で、ハードディスクがきちんと接続されているのを確認し［スタート］→［設定（歯車マーク）］→［更新とセキュリティ］→［バックアップ］の順にクリックします。

［ドライブの追加］項目で［＋］ボタンを押すと「ドライブを選んでください」と表示されるので、先ほど接続したドライブ（ローカルディスク）を選択します。

図4-2-6 ［バックアップ］画面で［＋］ボタンをクリック

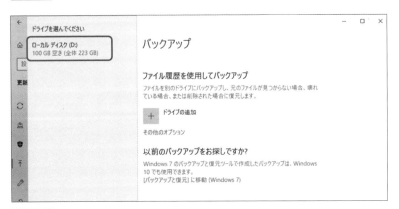

図4-2-7 先ほど接続したドライブを選択する

先ほど接続した外付け HDD を選択すると［ファイルのバックアップを自動的に実行］画面に変わり［オン］となります。これでバックアップを取得する準備が整いました。

ファイル履歴を使用してバックアップ

ファイルを別のドライブにバックアップし、元のファイルが見つからない場合、壊れ
ている場合、または削除された場合に復元します。

ファイルのバックアップを自動的に実行

オン

その他のオプション

図4-2-8 ［ファイルのバックアップを自動的に実行］が［オン］
になる

　［その他のオプション］をクリックすると、バックアップの実行タイミ
ングを選択したり、バックアップ対象となるフォルダをより詳細に設定するこ
とができます。

　バックアップ オプション

概要
バックアップのサイズ: 0 バイト
ローカル ディスク (D:) (D:) の総領域: 223 GB
データはまだバックアップされていません。

今すぐバックアップ

ファイルのバックアップを実行
1 時間ごと (既定値)

バックアップを保持
無期限 (既定値)

バックアップ対象のフォルダー
＋　フォルダーの追加

保存したゲーム
C:¥Users¥shinj

リンク
C:¥Users¥shinj

図4-2-9 ［その他のオプション］ではバックアップのタイミン
グ、対象フォルダなどを設定できる

　バックアップデータを復元する場合には、［バックアップオプション］画
面を下にスクロールして［現在のバックアップからファイルを復元］をクリ
ックし、復元したいデータを選択（例では「デスクトップ」を選択）した上
で丸い矢印ボタンをクリックします。

管理者がすべきセキュリティ対策と心がけ

図4-2-10 [現在のバックアップからファイルを復元] をクリックし、復元するデータを選んで矢印ボタンをクリックする

 実践 Macの標準機能「Time Machine」でバックアップする ////

Mac にも標準でバックアップ機能を有するソフトウェア「Time Machine」があります。

まずは記憶媒体（外付け HDD 等）をパソコンに接続します。

［Apple メニュー］→［システム環境設定］→［Time Machine］→［ディスクを選択］の順でクリックします。

図4-2-11 [Time Machine] の画面で [ディスクを選択] をクリック

接続した記憶媒体を選択し［ディスクを使用］をクリックすると、バックアップ対象ディスクとなります。

図4-2-12

バックアップ対象ディスクを選び［ディスク
を使用］をクリック

［Time Machine］の画面で［バックアップを自動作成］を［オン］にすると、
自動的にバックアップが取得できるので便利です。

Time Machine
☑ バックアップを自動作成

図4-2-13

自動的にバックアップを行うには［バックアップを自動作成］を［オ
ン］にする

バックアップデータを復元する場合には、［Finder］→［アプリケーション］
→［Time Machine］を選択します。復元したいデータがバックアップされ
た［日時］とデータを選択し、［復元］を押すことでデータが復元されます。

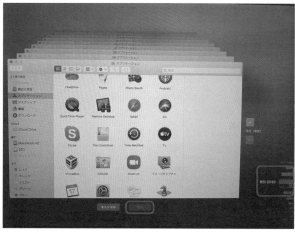

図4-2-14 バックアップされた［日時］、目的のデータを選択し、［復元］をクリック

バックアップツールを使おう

　ツールを使えば、バックアップを自動化することができます。重要なデータは自動的にバックアップする仕組みを取り入れると良いでしょう。お金をかけずに簡単に自動バックアップするツールとして「Bun Backup」や「RealSync」等のフリーソフトを利用する方法があります。バックアップしたいデータが格納されている「バックアップ元」と、データの保存先となる「バックアップ先」を指定。設定することで自動的にデータをバックアップすることができるようになります。

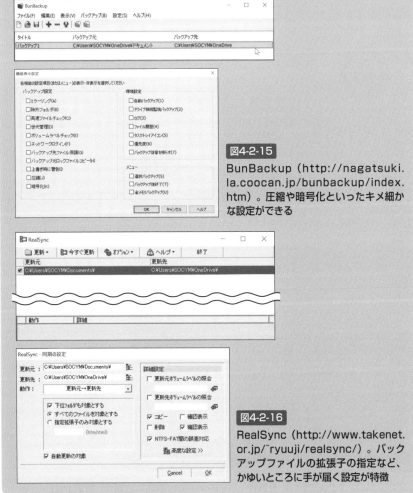

図4-2-15

BunBackup (http://nagatsuki.la.coocan.jp/bunbackup/index.htm)。圧縮や暗号化といったキメ細かな設定ができる

図4-2-16

RealSync (http://www.takenet.or.jp/~ryuuji/realsync/)。バックアップファイルの拡張子の指定など、かゆいところに手が届く設定が特徴

※ Wln と MAC それぞれの復元方法を入れたほうが良いのではないでしょうか。

基本　古いOSはネットワークにつながない //////////////

　92ページでも説明したように、メーカーからセキュリティパッチ（修正プログラム）の配布が終了してしまったOS（Windows XPやWindows Server 2003など）をそのまま使い続けるのは危険です。どうしても使い続けないといけない理由がある場合、少なくともインターネットに接続できる状態にしてはいけません。社内LANに接続しておかなければいけない理由がある場合は、少なくともインターネット接続をしないような設定上の配慮が必要です。この場合、次の設定をしてください。

・IPアドレスの割り当てを手動にする（DHCPなどでの自動割り当てはしない）
・デフォルトゲートウェイ情報を削除する（ルータは論理的につながない）
・DNSサーバ情報を削除する（インターネット上の名前解決をさせない）

ただし、暫定処置だという認識を忘れないでください。

基本　USBメモリやSDカードなどの取り扱い //////////////

　ちょっとしたデータの持ち運びや、データの受け渡し、バックアップ等で便利なUSBメモリやSDカード等の外部記憶媒体。これらは小さくて可搬性が高いものですが、重要情報や機密情報の持ち出しリスク、紛失等による情報漏えいリスクが高くなります。たとえば自宅で仕事をしようとしてデータをUSBに保存し、ズボンのポケットに入れて持ち歩き、車の鍵をポケットから取り出す際に気づかぬうちにUSBメモリを落としてしまいそのまま紛失。

　このように、小さくて持ち運びが便利であるが故に、情報漏えいリスクが常につきまといます。情報価値の重要性を認識していなかったり、自分が落とすわけがないという過信が情報漏えい被害をもたらすのです。USBメモリ等の記憶媒体を使わせないようにするために手っ取り早い対策は、USB端子を物理的に使えなくする（USBポートロック）ことです。

　自宅でUSBメモリなどに保存したデータがウイルス感染してしまい、会社のPCにつなげた瞬間にウイルス被害をもたらすケースもあります。ウイルス対策ソフトウェアがインストールされているUSBメモリ等もあります

管理者がすべきセキュリティ対策と心がけ

ので、こちらを利用することでウイルス感染リスクを最低限に抑えることができるようになります。なかには USB メモリにデータを保存すると自動的に暗号化してくれるものもあります。万が一の紛失時にもデータの漏えいを防ぐことができます。

　物理的に USB メモリ等を使わせない仕組みとして手っ取り早いのが、USB 端子等に物理的な鍵をかけてしまうことです。これで、USB 経由での情報漏えいの心配がなくなります。

図4-2-17 USBポートを物理的に使用不可にする。写真右はサンワサプライのUSBコネクタ取付セキュリティSL-46

図4-2-18 ウイルス対策＆暗号化機能つきUSBメモリ（写真はBUFFALO RUF3-HS16GTV）

基本 無線LAN（Wi-Fi）の取り扱い ////////////////////////////

　ネットワークケーブルの配線工事をすることなく、すぐに利用できる無線LAN。通信スピードも速くなっており、ますます便利に活用できるようになりました。一方で無線LANにはセキュリティリスクがあります。有線LANであれば、社内のネットワークにPCなどを物理的に接続しない限り社内ネットワークに接続できませんが、無線LANは電波がオフィスの外にまで飛んでしまいます。実際にフリーソフトである「inSSIDer（インサイダー）」等を使えば、簡単に電波をキャッチすることができるのです。

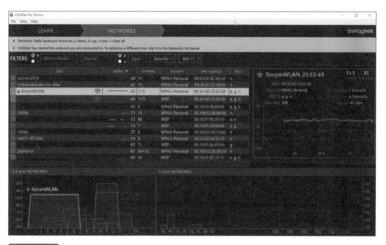

図4-2-19 inSSIDerの画面。電波の通信状況が見える
http://inssider.softonic.jp/

　無線LANの電波を暗号化していなかったり、暗号化の設定が甘かったりすると、通信を傍受される可能性があったり、社内への侵入を許してしまう可能性があるのです。

 基本 機器は買ったときの設定では使わない ///////////////////

　無線LAN機器を買ったばかりの状態（初期設定）でそのまま使い続けているケースが見受けられます。このような状態で使い続けているのは「どうぞご自由に社内のネットワークにお入りください」といっているようなもの

で、大変危険です。無線 LAN ルータへのログイン ID やパスワードは絶対に
初期設定のままにせず、必ず変更してください。

ユーザ名（初期 ID）	パスワード
root	なし
admin	password
admin	admin
なし	なし

図4-2-20 無線LANルータの初期設定（例）。このままの設定で使い続けるのは非常に危険！

 基本 暗号化方式としてWEPは使わない /////////////////

　パソコンと無線 LAN ルータやアクセスポイント間の通信は暗号化しなく
てはなりません。簡単に通信を傍受されてしまう恐れがあるためです。

　暗号化方式としては「WEP」「WPA」「WPA2」などがあります。WEP は
無線 LAN が登場した時の、古い暗号化技術です。「WEP キー」といわれる
鍵データを照合しながら通信するのですが、鍵データの生成に問題があるた
め、実際に WEP 解析ツールを使うと 5 分足らずで解析されてしまいます。
そのため、今は WEP を使わないのが常識です。

　おすすめの設定は「WPA 以上にする」ことです。WPA は WEP に加えて、
ユーザ認証機能を備えた点や、暗号鍵を一定時間毎に自動的に更新する暗号
化プロトコルである「TKIP」（Temporal Key Integrity Protocol）が採用され
ており、WEP で見られた脆弱性が改善されているため、セキュリティが強
化されているのです。さらにセキュリティレベルを高めたものが WPA2 で
あるため、「WPA2-AES」が有効なセキュリティ対策になります。

　また、ネットワークセキュリティキーを「8 桁以上、大文字小文字数字の
ランダム配置」にすることも有効です。たとえば「a」を「@」に、B を b に、
アルファベットのオー「O」を数字のゼロ「0」にするだけでも暗号化レベ
ルが強固になります。ランダムなセキュリティキーを利用したいのであれば、
キージェネレータというセキュリティキー生成ツールを利用することも考え
られます。

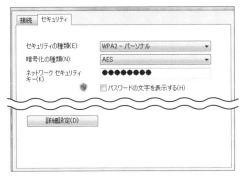

図4-2-21 「セキュリティの種類」で「WEP」以外の「WPA2」などにする

KEYWORD

Wi-Fi

無線LANのことを「Wi-Fi（ワイファイ）」と呼ぶことも多くなっている。Wi-Fiとは、無線LANの普及促進を行う業界団体である「Wi-Fi Alliance」（ワイファイ アライアンス）から認証を受けた機器全般を指す。最近の無線LAN機器はWi-Fi認証を受けたものが増えている。街のホットスポットや、無線LANサービスで利用している無線LAN機器としてWi-Fi認証を受けたものが設置されているため、無線LAN＝Wi-Fiと認識されるようになった。

 基本 物理的なパソコン盗難防止のために ////////////////////////

パソコンはデータを盗まれるだけではありません。オフィスに設置しているパソコンでも盗難にあう可能性があります。ノートパソコンを持ち歩いている場合は紛失や、置き引きなどによる喪失リスクも考えられます。パソコンを物理的に守ることも、大切な取り組みの一つです。

ハードディスクを暗号化する

万が一盗難被害に遭ったり、ノートPCを外出先で喪失してしまい、その中に重要な情報が入っている場合は情報漏えいリスクが発生します。このような場合でも、ハードディスクの中に入っているデータが暗号化されていれば、情報が漏れることはありません。特にノートパソコンを外出時に持ち出

す仕事をしている場合は、ハードディスクの暗号化は必須の取り組みといえるでしょう。

図4-2-22 Windows 10の場合：ハードディスクを丸ごと暗号化するBitLocker
（※Windows 10 Pro以上で標準搭載）を用いて、持ち出しPCのハードディスクを暗号化する。BitLockerが無効になっている場合は、ドライブを右クリックをして有効化する

図4-2-23 Macの場合：FileVaultでディスクを暗号化する。
［システム環境設定］→［セキュリティとプライバシー］内にある［FileVault］を有効にする。

※iMac ProまたはApple T2チップ搭載の場合、データは自動的に暗号化されている

実践 連休前はパソコンの電源を根元から切断する //////

　ゴールデンウィーク、お盆、シルバーウィークにお正月。日本には1年のうち何回か、大型連休がありますね。大型連休になると数日間、会社に誰も立ち入らなくなります。実は連休中はサイバー攻撃などにもっとも注意を払うべき時なのはご存知でしょうか。数日間オフィスに誰も立ち入らない状態であるということは、すでにパソコンが乗っ取られている場合は、このタイミングが格好の「実験の場」になってしまうことを指します。自由に遠隔操作できるコンピュータが何台かあれば、好き勝手に実験をすることができるのです。この場合の対策として覚えておいてもらいたいのが、連休前はパソコンの電源を根元から抜いておき、通電させないでおく、ということです。通電しなければ電源を立ち上げられたり、パソコンを勝手に操作されることはなくなります。

図4-2-24 個別スイッチつき電源タップ（写真はエレコムT-E5B-2610）

 実践 UTMでインターネットの出入り口を制御する //////

　UTM とは「統合脅威管理（Unified Threat Management）」の略で、インターネットと社内ネットワークの間に置く、ルータに置き換えて利用するセキュリティ機器です。以下のような機能を持っています。

①フィッシングメールや迷惑メールからPCを守る

　迷惑メールなどがたくさん来てしまい、メールフォルダが不必要なメールで一杯になるような状況を未然に防ぐことができます。

②ウイルスの侵入と拡散を防ぐ

　添付メールにウイルスが付着していたり、ウイルス感染しているサイトに知らずに訪問した場合でも、インターネットの入り口でウイルスをブロック。

社内へのウイルス侵入を未然に防止することができるようになります。

③業務上不必要なサイトの閲覧を防ぐ

　業務時間中に閲覧すべきではないサイトや悪質・違法なサイトなどの情報をまとめ、データベース化。カテゴリごとにチェックしておけば、不必要なサイトの閲覧ができなくなります。

④インターネットを経由した攻撃も防いでくれる

　ファイアウォール機能を有しているため、「DDoS 攻撃」による外部からの不正侵入等からも社内の環境を保護します。

⑤不正サイトに誘導されたとしてもブロックしてくれる

　インターネット上に転がる危険性の高い詐欺動画サイトや、不正送金サイト、ウイルスに感染しているサイト情報などをリアルタイムに収集し、そうとは知らずに閲覧しに行こうとするとブロックしてくれるレピュテーション（風評・評判）セキュリティ機能を備えた UTM システムも登場しています。

　このように、インターネット上のあらゆる攻撃に対応する UTM は、ウイルス対策ソフトの導入と同じく、広く企業に普及されていくことでしょう。

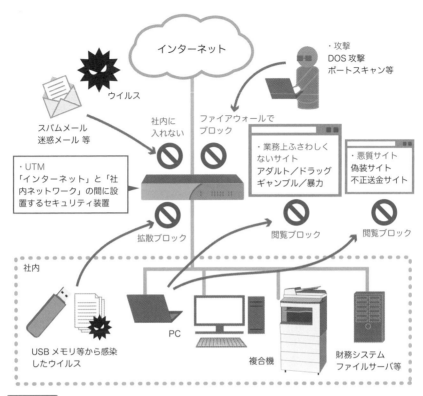

図4-2-25 インターネットの出入り口のあらゆる脅威を守るUTMのイメージ

図4-2-26 実際のUTM装置（Checkpoint社のUTM、左は無線LAN機能搭載、右は有線LANのみ）

セキュリティ対策は「多層防御」を取り入れよう

　2015年6月にIPA（情報処理推進機構）が「ウイルス感染を想定したセキュリティ対策と運用管理を」を発表。その中で「多層防御」という概念を提唱しています。近年巧妙化している金銭搾取事件や情報漏えい事件を受けて、ウイルス対策ソフトウェアやファイアウォールだけのセキュリティ対策には限界があると注意喚起を促しました。

「1. ウイルス感染リスクの低減」
「2. 重要業務を行う端末やネットワークの分離」
「3. 重要情報が保存されているサーバーでの制限」
「4. 事後対応の準備」

　の4項目に分けてわかりやすく説明していますので、セキュリティ担当者は一読をお勧めします。

ウイルス感染を想定したセキュリティ対策と運用管理を

http://www.ipa.go.jp/security/ciadr/vul/20150602-secop.htmlより

5章

テレワーク利用における
セキュリティ対策

働き方が大きく変化していく時代の流れの中、新型コロナ
ウイルスが発生。すべての企業においてテレワーク（リモー
トワーク）は必須で検討すべき事項となりました。今後ま
すます、自宅やコワーキングスペース、カフェなどで仕事
をする機会が増えることでしょう。当然、セキュリティ対
策にもしっかりと取り組まなければいけません。
この章では、テレワーク時のセキュリティ対策について、
具体的に何をすべきかを中心に進めていきます。

[5-1]
テレワークセキュリティに対する考え方

テレワークとは、情報通信技術（ICT）を活用した、場所や時間に捉われない柔軟な働き方のことです。テレ（tele）とは「離れた」という意味があり、ワーク（work）「働く」を重ね合わせた造語です。リモートワークという呼び方もします。会社を離れたところで仕事を行うので、当然セキュリティリスクが高まります。ここでは、テレワークをするあらゆる企業が認識しておくべき基本的な考え方について見ていきます。

基本 テレワークセキュリティで必要となる2つの対策

　テレワークを行う場合に考えなくてはいけないこと——それは今まで職場だったからこそ守られていたセキュリティ環境を、いかに個人が利用する環境下で適用するか——という点です。テレワークはフレキシブルな働き方ができ利便性が高くなる一方で、管理の目が行き届きにくくなります。当然、セキュリティ上の盲点が生じやすく、事故に繋がるリスクも高まります。セキュリティ対策とは利便性とリスクのバランスです。利便性とリスクを常に天秤にかけた上で、いかにバランスを確保するかについて考えるようにしましょう。

図5-1-1
常に、利便性とリスクのバランスを保つことを頭に入れておくこと

　企業におけるセキュリティ対策としては、主に「内部からの情報漏えい事故対策」と「外部からの情報漏えい事故対策」を中心に対策を施す必要がありますが、テレワークにおけるセキュリティ対策も同様です。テレワーク特有のセキュリティ上の課題があるので、そこを前提に対策を施す必要があります。たとえば会社のオフィス内で仕事をするのであれば、最悪でもファイアウォールなどで外部からのサイバー攻撃に対しての対策がなされていたり、社員の目があるので USB メモリ経由の情報漏えいが起こりにくいのですが、テレワークになると自宅やカフェなどのセキュリティが脆弱なネットワーク環境経由で仕事をする必要が生じるため、サイバー攻撃の脅威に晒されやすくなります。また、社員や周囲の目が行き届かなくなるため、会社の重要情報などの漏えいが簡単に起こり得る環境を生み出すことになります。

テレワークにおけるセキュリティ対策として検討すべき項目の例

・内部からの情報漏えい事故対策…主に社員（パート、アルバイト含む）や退職社員、業務委託先経由での情報漏えい事故。USB メモリや外部デバイス経由での情報抜き取り、ノート PC の紛失などによる情報漏えい、クラウドサービス（シャドー IT）経由での情報漏えい、退職社員等のアカウントをそのまま放置しておくことによるクラウド経由による情報漏えい、リモートアクセス設定不備による内部侵入など

・外部からの情報事故対策…主にサイバー攻撃者や悪意のある他者経由での情報事故。カフェなどでの画面の覗き見。自宅やネットカフェなどの脆弱なネットワーク、Wi-Fi 経由、セキュリティアップデートやウイルス対策ソフトが最新の状態になっていないことによる端末乗っ取り、業務上不要なサイト閲覧によるマルウェア感染、社内へのリモートアクセスの脆弱性を突いた攻撃など

[5-2]
テレワークセキュリティを
実現するために必要なもの

テレワークをする上では、「端末（パソコン、タブレットPC、スマホなどのモバイルデバイス）」と「ネットワーク環境」が最低限必要になります。パソコンなどの端末利用方法としては、

・会社で貸与したノートPCやスマホなどを利用する
・BYOD（Bring Your Own Device：個人のPCやスマホを業務利用すること）

という2つのケースが考えられます。

　セキュリティ対策を強化する、という観点では個人のPCやスマホを利用させるBYODよりも、会社で貸与したノートPCなどを利用することがベストな対策になります。

　なぜなら、BYODでの利用の場合は、会社としてセキュリティ対策をコントロールすることが難しくなるためです。たとえば、自宅PCがWindows 7やXPのような脆弱性の残っているOSを使い続けていたり、新しいOSでもアップデートされていなかったり、ウイルス対策ソフトが未導入である場合、そこが脆弱点となり、セキュリティ侵害を受ける入り口となる可能性があります。その一方で、急遽テレワークに取り組む必要が生じた場合や、限られた予算の中でどうしても取り組みをしなくてはいけない状況も考慮して、BYODセキュリティも考えていきます。

 基本 会社で貸与したノートPCやスマホを利用する場合 //////

　まずは会社で貸与したノートPCに対するテレワークセキュリティを考えていきます。

　前提となるものとして、以下のものを用意します。

デバイス	内容
ノートPC	会社貸与
スマートフォン	会社貸与、テザリング（スマホを経由してインターネットにアクセスすること）にも使用
Wi-Fi ルータ	自宅にネットワーク環境がない場合や、スマホのテザリング機能を利用しない場合に貸与

図5-2-1 必要なデバイス

　ノート PC には以下のようなサービスの設定、並びにソフトウェアをインストールします。

設定・サービス	内容	参照ページ
ログインパスワードの付与	端末を利用する際に必ずパスワード入力が必要な設定を施す	161 ページ
パスワードロック設定	端末から離れた場合にパスワードロックがかかる設定を施す（スクリーンセーバーの設定など）	162 ページ
ウイルス対策ソフト	クラウドサービスを利用してパターンファイルが更新できるものが望ましい	135 ページ
脆弱性対策ソフト	クラウドサービスを利用して OS のセキュリティパッチが適用されているかどうかを確認できるものが望ましい	137 ページ
ハードディスク暗号化	ノート PC の紛失、盗難による情報漏えいに備える Windows：BitLocker の適用（Windows 標準搭載） Mac：FileVault の適用（Mac 標準搭載、OS のバージョンによっては FileVault を適用しなくても暗号化されているものもある）	151 ページ
USB メモリの利用禁止設定	USB メモリ経由やスマホ、SD カード経由での情報漏えいやウイルス感染を防ぐ	147 ページ、163 ページ
覗き見防止フィルタ	ショルダーハッキング（PC での操作情報を肩越しや斜め後ろなどから覗き見されるリスクを防ぐ）	165 ページ
ログ管理ソフト	重要情報や機密情報の漏えいに備えて、パソコン内部のデータやサイト閲覧の利用履歴を残す（ログ）。クラウドサービスを利用するのが望ましい	164 ページ

図5-2-2 ノートPCに施す設定やサービス

ログインパスワードの付与について

　Windows の場合、ログインパスワードの設定は［設定］→［サインインオプション］→［パスワード］にて行います。

図5-2-3 ログインパスワードは［サインインオプション］→［パスワード］で設定する

Macの場合、ログインパスワードの設定は［システム環境設定］→［ユーザとグループ］→［ログインオプション］内にて［自動ログイン：オフ］になっていることを確認します。

図5-2-4 ［ユーザとグループ］→［ログインオプション］で［自動ログイン：オフ］になっていることを確認

端末画面のパスワードロック設定について

Windowsの場合、パスワードロック設定は［設定］→［個人用設定］→［ロック画面］にて［スクリーンセーバー設定］を選択し、［再開時にログオン画面に戻る］のチェックを入れた上で［待ち時間］を設定します。

図5-2-5 ［ロック画面］で［スクリーンセーバー設定］をクリックし、［再開時にログオン画面に戻る］にチェックを入れて［待ち時間］を設定（画面では「1分」）

　Macの場合、パスワードロック設定は［システム環境設定］→［セキュリティとプライバシー］→［一般］内にて［スリープとスクリーンセーバの解除にパスワードを要求］にチェックを入れた上で開始時間を設定します。

図5-2-6 ［セキュリティとプライバシー］の［一般］タブで［スリープとスクリーンセーバの解除にパスワードを要求］にチェックを入れて開始のタイミングを設定（画面では「すぐに」）

USBメモリなどの利用禁止設定

　USBメモリやDVD、SDカードなどのデバイスをブロックし、使えないようにすることで端末からの情報漏えいを防止します。

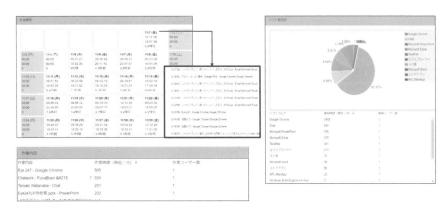

図5-2-7 エフセキュア社Computer Protection for Windowsの設定例

ログ管理ソフト

　社員一人一人の業務内容のログを取得し、重要情報や機密情報の取り扱い履歴を残すことで情報漏えいを抑制したり、万が一情報漏えいが発生した場合にも追跡可能なソフトウェア（クラウドサービス）です。

図5-2-8 社員一人一人の業務内容のログを取得（図はフーバーブレイン社 Eye"247" Work Smart）

個人情報の取り扱いログ（図はフーバーブレイン社 Eye "247" Work Smart）。誰が、いつ、どのように個人情報を取り扱ったのかを可視化する

覗き見防止フィルタ

カフェや新幹線などでの移動中に横から覗かれる（ショルダーハッキング）のを防止するためのフィルタです。

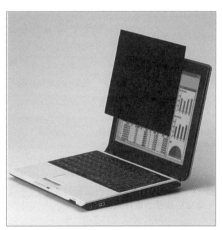

図5-2-10
覗き見防止フィルタ（図はELECOM EF-PSSシリーズ）

スマホのセキュリティ対策

スマートフォンのセキュリティ対策については7章の「スマホ／タブレット利用時のセキュリティ対策」をご参照ください。

[5-3]
社内アクセスが必須となる場合のセキュリティ対策

社内のファイルサーバを社員で共有していたり、財務会計などの基幹システムが社内に設置されているサーバやデスクトップ型のPCで稼働している場合、インターネットを介して社内環境にアクセスする必要が生じます。以下を参考に、社内にアクセスする環境を整えていきます。

 基本 社内アクセスをする上で基本となるネットワーク環境とセキュリティ対策

社内環境にアクセスする場合、以下のような環境および対策が必要になります。以降でそれぞれについて説明します。

必要なもの	内容詳細	参照ページ
インターネット VPN 接続が可能な法人向けゲートウェイ	・法人向けのルータやファイアウォール、UTM などが持つ、インターネット VPN 接続機能を活用する ・インターネット VPN 接続を許可したユーザに ID とパスワードを付与	153 ページ、167 ページ
VPN 接続用のクライアントソフトウェア	・Windows や Mac に標準で備わっている VPN クライアントを活用 ・ゲートウェイメーカーから提供された VPN クライアントソフトウェアをノート PC（やスマートフォン）にインストールすることで実現することもできる ・リモートアクセスする際の使用するサービスは「L2TP/IPsec」を使用し、PPTP は使用しない	167 ページ
固定 IP アドレス（1 つ以上）	インターネット VPN 接続が可能な法人向けゲートウェイに割り当てる IP アドレス ※ DDNS（DynamicDNS）機能が有効になっているゲートウェイの場合、固定 IP アドレスを割り当てる必要はないが、安定性を重視する場合、固定 IP アドレスを利用することが望ましい	109 ページ DNS の項目参照
リモートデスクトップサービスの有効化	接続が必要なパソコン（あるいはサーバ）がある場合	168 ページ
接続が必要なパソコン（あるいはサーバ）の IP アドレス	リモートデスクトップにて接続する際に必要になる	100 ～ 105 ページ
接続が必要なパソコン（あるいはサーバ）のログイン ID とパスワード	リモートデスクトップにて接続する際に必要になる	169 ページ、172 ページ

図5-3-1 社内アクセスを行う上で基本となるネットワーク環境とセキュリティ対策

インターネットVPN接続が可能な法人向けゲートウェイ

　法人向けのルータやファイアウォール、UTM などには標準でインターネット VPN 機能が付加されているものがほとんどです。4 章の「【実践】UTM でインターネットの出入り口を制御する」（153 ページ）にて説明した UTM にも、インターネット VPN 接続機能が付加されていますので、利用機器の詳細を確認してください。

Windows 10の場合

　Windows 10 の場合、［設定］→［ネットワークとインターネット］→［VPN］を選択し、［VPN 接続を追加する］をクリックして各種設定を行います。

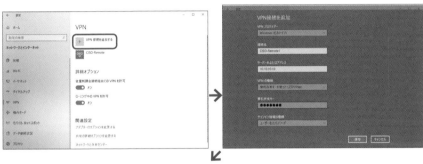

図5-3-2　［設定］→［ネットワークとインターネット］→［VPN］→［VPN接続を追加する］にて各種設定を行う

Macの場合

　Mac の場合は、［Apple マーク］→［システム環境設定］→［ネットワーク］を選択し、左下にある［＋］ボタンをクリックして各種設定を行います。

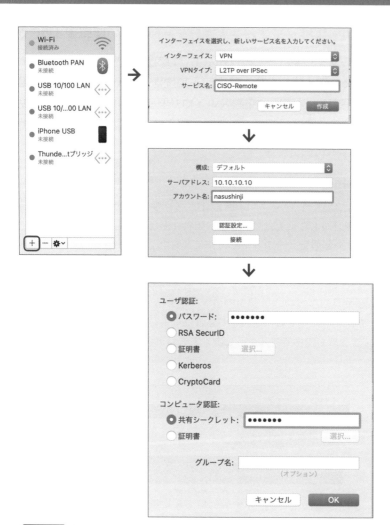

図5-3-3 ［Appleマーク］→［システム環境設定］→［ネットワーク］から左下にある「＋」ボタンをクリックして各種設定を行う

リモートデスクトップサービスの有効化

　リモートデスクトップサービスを利用するには、接続される側の PC でリモートデスクトップを有効にし、ログイン ID とパスワードを確認した上で、接続する側の PC から接続を行います。

　Windows、Mac それぞれの手順は以下の通りです。

リモートデスクトップを受ける PC への設定（Windows）

　Windows 10 の場合、Windows 10 Professional 以上で活用できます。HOME エディションでは使えないので Windows 10 Professional 以上へアップグレードする必要があります。

　リモートデスクトップを受ける PC で、［設定］→［システム］で［リモートデスクトップ］を選択し、［リモートデスクトップを有効にする］を［オン］にします。

図5-3-4　［設定］→［システム］→［リモートデスクトップ］にて
　　　　　　［リモートデスクトップを有効にする］を［オン］にする

接続が必要なパソコン（あるいはサーバ）のログイン ID とパスワード

　リモートデスクトップを受ける PC のログイン ID とパスワードを確認します。［設定］→［アカウント］をクリックし、［ユーザーの情報］でアカウント名を確認します。パスワードは（当然ですが）表示されないので、ログイン時に入力しているものを使用します。

図5-3-5

［設定］→［アカウント］の順に進み、
［ユーザの情報］からリモート接続に必要
なアカウント名を控える

リモートデスクトップを行う PC への設定（**Windows 10**）

　リモートデスクトップを行う PC で［スタートメニュー］から［Windows アクセサリ］→［リモートデスクトップ接続］を選択します。［リモートデスクトップ接続］画面で必要な項目をそれぞれ入力した上で、［接続］をクリックします。「資格情報を入力してください」という画面が表示されるので、パスワードを入力して［OK］ボタンをクリックすると、接続先 PC の画面が表示されます。

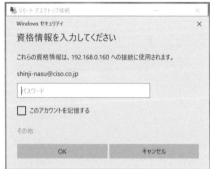

図5-3-6　［スタート］→［Windowsアクセサリ］→［リモートデスクトップ接続］の順に進み、必要な項目を入力して［接続］をクリックする

図5-3-7　パスワードを入力して［OK］をクリックする

図5-3-8　リモート接続直後の画面

リモートデスクトップを受ける PC への設定（Mac）

　Mac の場合、［Apple マーク］→［システム環境設定］→［共有］の順に進み、［リモートマネジメント］にチェックを入れると、ローカルユーザがこのコンピュータにアクセスして実行できる操作を選択する画面が表示されます。必要な項目にチェックを入れて、［OK］をクリックします。画面が［リモートマネジメント：オン］となり、PC を接続する準備が整いました。

図5-3-9 Appleマーク→［システム環境設定］→［共有］をクリックし、［リモートマネージメント］にチェックを入れ、表示される画面で行いたい操作にチェックを入れて［OK］をクリックする

図5-3-10 画面表示が［リモートマネジメント：オン］となった

接続が必要なパソコン（あるいはサーバ）のログイン ID とパスワード

　リモートデスクトップを受ける PC のログイン ID とパスワードを確認します。[システム環境設定] → [ユーザとグループ] の順に進み、登録されているアカウント名を確認します。パスワードは（当然ですが）表示されないので、ログイン時に入力しているものを使用します。

図5-3-11　[システム環境設定] → [ユーザとグループ]
　　　　　の順に進み、登録されているアカウント名を控
　　　　　える

リモートデスクトップを実施する PC への設定（Mac）

　Mac の場合、有償の「Apple Remote Desktop」にて実施する方法を明記します。「App Store」にて「Apple Remote Desktop」を購入し、インストールします。

　アプリケーションに「Remote Desktop」が表示されるので、アイコンをクリックします。

図5-3-12　[アプリケーション] → [Remote Desktop] を
　　　　　クリック

「Remote Desktop」の管理画面が表示されたら、［＋］をクリックし、必要事項を入力して［追加］ボタンをクリックします。リモートアクセスしたい端末が選択されていることを確認し、［制御］をクリックすると、接続先PCの画面が表示されます。

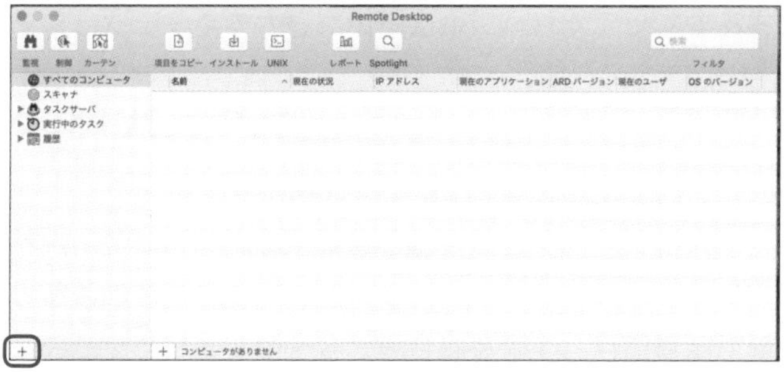

図5-3-13　「Remote Desktop」の管理画面にて［＋］をクリック

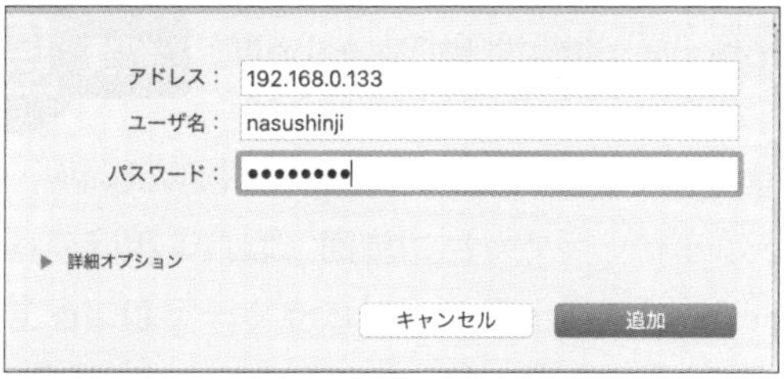

アドレス：	192.168.0.133
ユーザ名：	nasushinji
パスワード：	●●●●●●●

▶ 詳細オプション

キャンセル　　追加

図5-3-14　必要事項を入力して［追加］をクリック

図5-3-15　リモートアクセスしたい端末が表示されたことを確認し［制御］をクリック

図5-3-16 リモート接続直後の画面

　なお、インターネットの外からリモート接続ができるようになったということは、「それだけ脆弱性が増加した」ともいえます。だからこそ4章でお伝えした「セキュリティ対策の基本」を見直し、確実に対策を行った上で、設定を施すようにしてください。

[5-4]
クラウドサービスを利用している場合のセキュリティ対策

インターネットを介してサービスを提供しているクラウドサービスを利用している場合、テレワークに移行しやすいという特徴があります。ネットに接続できる環境さえあれば、普段の業務と変わりなく、自宅や外出先などで仕事ができます。その一方で、情報漏えいなどの問題が起こりやすく、セキュリティ面での配慮が必要です。以下を参考にセキュリティ環境を整えていきます。

 基本 クラウドサービスを利用している場合の基本的なセキュリティ対策

セキュリティを高める対策としては、以下のようなものが挙げられます。

必要なこと	内容詳細	参照ページ
端末認証を強化する	不特定多数の PC などからクラウドサービスにアクセスできないようにする 端末認証をかけ、不特定多数の PC やネットワークからクラウドサービスにアクセスできないようにする。方法として、「IP アドレス制限」「証明書発行によるデバイス認証」「Cookie を利用したブラウザ認証」等がある	176 ページ
パスワードを複雑なものにする	クラウドサービス利用にあたって、特に重要となる項目。パスワードは文字数が多く、複雑であればあるほどよい	177 ページ
パスワードの使い回しをしない／シングルサインオン（SSO）サービスを利用する	同じ ID とパスワードを使ってクラウドサービスを利用しない。どうしても覚えられない場合、シングルサインオン（1 つの ID・パスワードを覚えておくだけで良いサービス）を利用する	177 ページ
二段階認証利用などパスワードセキュリティを強化する	通常の ID・パスワードに加えてパスワード認証を強化する仕組み、ワンタイムパスワード、スマホへのパスコード発行、メールアドレスへのパスワード発行等がある	178 ページ

図5-4-1 クラウドサービス利用時のセキュリティ対策の例

端末認証を強化する

　端末認証をかけ、不特定多数の PC などからクラウドサービスにアクセスできないようにすることでセキュリティを高める方法です。

　端末認証にはたとえば以下のような方法がありますが、クラウドサービスを提供するベンダによって端末認証の方法が変わるため、確認する必要があります。

セキュリティ強化に繋がる端末認証例
　・IP アドレス制限
　・証明書発行によるデバイス認証
　・Cookie を利用したブラウザ認証

IP アドレス制限

　IP アドレス制限とは、指定した IP アドレス以外からのクラウドサービスへのアクセスを禁止にするものです。会社に固定 IP アドレスが 1 つ割り当てられており、それを介してインターネット接続している場合、クラウドサービス側からは、「割り当てられた固定 IP アドレスからアクセスがきている」と認識します。特定の IP アドレス以外からのアクセスを受け付けなくするわけですから、当然セキュリティ強化につながります。

　リモートワークの場合、一度インターネット VPN などを介して社内にアクセスするという手間が生じますが、セキュリティ面が高くなるアクセス方法です。

証明書発行によるデバイス認証

　証明書発行によるデバイス認証とは、クラウドサービスにアクセスするパソコンに、あらかじめ接続を許可するための「デジタル証明書」をインストールしておくことで、会社支給の PC 等端末が特定されたパソコン以外のアクセスができないようにすることです。自宅の PC など、不特定の端末経由でのクラウドサービス利用ができなくなるため、セキュリティ面が高くなります。

shinji-nasu@ciso.co.jp

図5-4-2 クライアントPCにインストールされた
デジタル証明書（例）

Cookieを利用したブラウザ認証

Cookieを利用したブラウザ認証とは、クラウドサービスの閲覧時に利用するブラウザ（ChromeやFirefoxなど）にあるCookie情報を用いて、あらかじめ登録されたブラウザ以外のアクセスができないようにすることです。証明書発行によるデバイス認証に似ており、自宅のPCなどからのクラウドサービス利用ができなくなるため、セキュリティ面が高くなります。

パスワードを複雑なものにする

クラウドサービスを利用するに当たって、IDとパスワードの管理は特に重要です。

前項で説明したような端末認証をかけることに加え、パスワードは必ず複雑なものにしてください。具体的には「8文字以上英文字＋大文字＋記号」にすることです。記号はSを$に、Y を￥にするだけで、セキュリティレベルが向上します。パスワード生成ツールを活用して、パスワードをランダムにするのも有効な方法になります。

パスワードの使い回しをしない／シングルサインオンサービス（SSO）を利用する

パスワードが覚えられなくて、同じパスワードを使い回すケースはありがちです。しかしながら、パスワードを知られてしまうと、あらゆるクラウドサービスで利用される可能性があり、極めて危険な状況になります。

パスワードの使い回しをしないのが原則ですが、覚えられないと管理が大変であることも事実です。この場合は、シングルサインオン（SSO）サービスを介してクラウドサービスを利用することも検討してください。

　シングルサインオン（SSO）とは、1つのID、パスワードを入力するだけで、他のあらゆるクラウドサービスを利用できる便利なサービスです。個人としてはIDとパスワードを1つだけ覚えておけばいいので、そもそものパスワードの使い回しリスクから回避されます。

図5-4-3 シングルサインオンを使ったクラウドサービスの利用例。1つのIDとパスワードの入力で、各種クラウドサービスにアクセスできるようになる（利用サービスはGMOグローバルサイン株式会社のTrust Login）

二段階認証利用などパスワードセキュリティを強化する

　通常のID＋パスワードに加え、パスワード認証を強化する仕組みの導入も効果的です。

　たとえば、1〜2分でパスワードがそのつど変わるワンタイムパスワード、ログインの際に、あらかじめ登録したスマホの電話番号宛にパスコードを発行する方法、会社のメールアドレスへのパスワード発行等があります。クラウドサービス側で提供されているケースもありますので、提供されている場合は積極的に利用しましょう。

[5-5]
BYODによるテレワークの場合のセキュリティ対策

BYODとは、Bring Your Own Deviceの略で、個人のPCやスマホを業務で利用することです。BYODでの利用は

- ・私用端末といえども、いかにサイバー攻撃から端末を保護するか
- ・いかに私用端末内に会社のデータ保存させないようにするか

を中心にセキュリティ対策を施す必要があります。基本的な対策としては以下のようなものが必要です。

 基本 BYOD利用時に最低限確認すべきセキュリティ項目 /////

BYOD を利用する際、最低でも、以下のようなセキュリティ項目を確認する必要があります。

使用するデバイスのOSの種類を確認・バージョンアップを行う

最低限、サポート期限の切れた古いバージョンの OS（Windows XP や 7 など）が使われていないか確認する必要があります。古いバージョンの OS が使われていると、攻撃者に簡単に PC を乗っ取られてしまう可能性が高くなります。Windows を利用している場合、古いバージョンの OS は Windows 10 にアップデートする、バージョンアップに伴うメモリの増設など会社としての金銭的補助なども検討してください。

なお、Windows アップデートなどの OS のバージョンアップを会社としてコントロールできるのがベストです。そのような環境を構築できない場合は、アップデートの指示を徹底してください。

ウイルス対策ソフトを会社として準備し統一化する

　私用 PC ではウイルス対策ソフトが未導入であったり、ライセンスが切れていたり、悪質なソフトウェアがすでにインストールされているケースがあり、そもそもの基本的な対策がなされていない可能性があります。

　セキュリティが甘い状況で自由にネットサーフィンできる環境にあるため、危険性が高いサイトにアクセスしマルウェアをダウンロードしてしまい、PC が乗っ取られてしまう危険性を孕んでいます。

　たとえばキーボードのログを取得されてしまう「キーロガー」というマルウェアを埋め込まれてしまうと、ID やパスワードなど仕事上で便利に使えるクラウドサービスなどの情報も盗まれます。

　このようなことが起こらないように、最低限ウイルス対策ソフトは会社として準備し、クラウド上の管理画面などで確認できるように統一化を計りましょう（参照：第 4 章「【基本】ウイルス対策ソフトは統一して、一元管理する」135 ページ）

 基本 BYODで利用するリモートアクセス方法 ////////////

　社内で自分が使っている端末や社内サーバへアクセスする場合、社内へのリモートアクセス環境を整備する必要があります。特に BYOD によるリモートアクセスの際は「5-3　社内アクセスが必須となる場合のセキュリティ対策」にて説明したリモートアクセス方法に加え、以下のようなサービスも検討します。

リモートアクセス方式	内容詳細
RDP（リモートデスクトップサービス）	「5-3　社内アクセスが必須となる場合のセキュリティ対策」にて説明した方法
VDI・DaaS（仮想デスクトップ基盤）	仮想デスクトップ PC を社内サーバやクラウド上に構築することで、私用 PC 上に仮想的なデスクトップ画面を表示・利用する方法
クラウドアクセス型サービス	私用 PC と会社 PC のそれぞれをクラウドアクセス型のサービスに繋ぎ、リモートデスクトップのように会社 PC を利用する方法 企業の PC ヘルプデスクサポートなどでよく使われる
USB 接続型サービス	私用 PC に USB 接続して、クラウド上にある仮想デスクトップ環境にすることで仮想的なデスクトップ画面を表示・利用する方法

図5-5-1 リモートアクセスサービスとその内容

BYOD での利用の場合は**いかに私用端末内に会社のデータを保存させないようにするか**が重要になります。そのため、普段会社で利用しているパソコン端末の画面等を読み込み、遠隔操作によって業務を行うなどのリモートアクセス環境を構築することが特に重要となります。上記4つの方法のいずれでも正しく設定を施すことで実現可能ですが、セキュリティ強化という観点では社内の環境に私用端末を接続することはお勧めできません。そのため「RDP（リモートデスクトップサービス）」以外の方法である

・VDI、DaaS（仮想デスクトップ基盤）
・クラウドアクセス型サービス
・USB 接続型サービス

のいずれかの方式を検討するようにしましょう。

 基本 BYODでクラウドサービスを利用する際の必要項目

BYOD でクラウドサービスを利用する場合、認証端末を特定させることが難しい場合があります。そのため、より厳格にクラウドサービスへのアクセスルールを定義する必要があります。

アクセスユーザの厳格な管理

コスト削減の名目で、1つの ID とパスワードでクラウドサービスを利用しているケースが見受けられますが、利用者の中で退職する方が発生した場合、そのつどパスワードの変更が必要になり、セキュリティ上不適切な運用となります。アクセス権は、決められたメンバーに、正しく付与することを心がけてください。また退職者が発生した場合、退職日に ID を削除するなど、運用の徹底が必要です。

閲覧範囲などのポリシー設計

役職ごとや職種ごとに必要な権限を適切に与える必要があります。閲覧範囲や利用範囲を定義できるクラウドサービスの場合、ポリシー設計が極めて重要になります。

クラウド上に保存されているデータのダウンロード禁止設定

　BYOD 端末にデータを保存すると、機密性の高い情報である場合はそれだけで情報漏えいとなる恐れがあります。クラウド上に保存されているデータはダウンロードを禁止にする設定を施します。顧客管理システムなど CSV 形式で一括ダウンロードができるサービスの場合、それらを行えない設定を施しましょう。

アクセスログ・利用ログの随時チェック

　BYOD 利用において、利用者を随時チェックすることはとても重要な対応となります。アクセスログや利用ログを随時チェックするようにしましょう。

 自宅Wi-Fiのセキュリティ対策 ////////////////////////////

　テレワークを行う際、自宅の Wi-Fi を利用することも多いでしょう。スマホのテザリングや Wi-Fi ルータなどとは異なり、パケットの消費量を気にせずに利用できるため、今後ますます活用度合いが増えそうです。その一方、自宅の Wi-Fi は会社の管理が行き届かず、脆弱性を狙われる可能性も高くなります。安全に自宅の Wi-Fi 環境を利用するために、以下の対策を施してください。

基本編	内容詳細
管理画面へのパスワードの変更	ID、パスワードともに複雑なものに変更する ID を変更できない機種はパスワードを複雑なものにする
デフォルトの SSID を変更する	デフォルトの SSID 利用で無線 LAN メーカーや型番が推測されないようにする SSID 変更の際は意味がわからないものにする（「Nasu-no-Wi-Fi」といった設定は NG）
通信の暗号化（WPA2 以上）	WEP などの脆弱な暗号化方式は絶対に使用しない
Wi-Fi 利用時のパスワードの設定	SSID へのアクセスにペアとなるキーフレーズ（パスワード）を複雑なものにする
Wi-Fi ルータのファームウェア最新化	外部からのサイバー攻撃によるハッキングを防ぐために、常に最新の状態にする
UPnP 機能の停止	IoT 機器としてのハッキング対象となり得るため、無効化する
AOSS などの簡単設定、WPS 機能の停止	簡単に Wi-Fi 接続できてしまう項目はハッキング対象となりやすいため無効化する
友人などに Wi-Fi を貸さない	ゲストとして使わせる場合には Guest-Wi-Fi など専用のものにする

図5-5-2 自宅Wi-Fiのセキュリティ対策　基本編

それぞれについて、ELECOM製の家庭用Wi-Fiルータを例に取り見ていきましょう。

管理画面へのパスワードの変更

管理画面へのアクセス時に入力を促される、ユーザ名（ID）とパスワードを変更します。デフォルト値（例：ユーザ名：admin、パスワード：admin)のままで利用しないようにします。

機種によってはユーザ名を変更できないこともありますが、その際はパスワードをより複雑なものにしましょう。

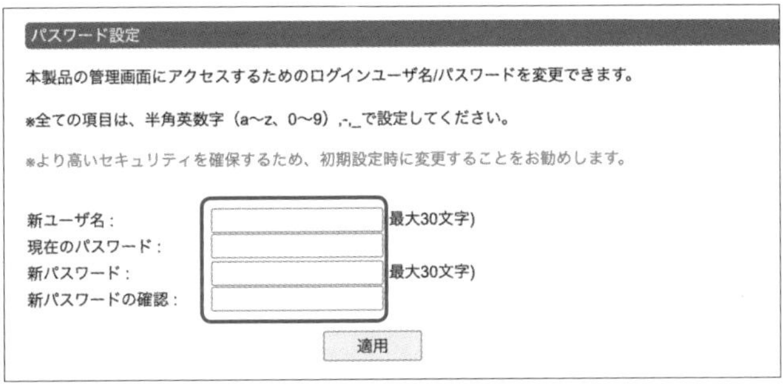

図5-5-3 ユーザ名、パスワードを初期値から変更する

デフォルトのSSIDを変更する

工場出荷時に設定されているSSIDをそのまま利用すると、メーカーや機種が特定されてしまい、脆弱性を狙われる可能性があります。SSIDはデフォルトのまま利用せずに、必ず変更しましょう。

なお、SSIDに所有者が特定されるような名称（例：NASU-no-WiFiなど）を使わず、意味がわからないものにすることも重要です。

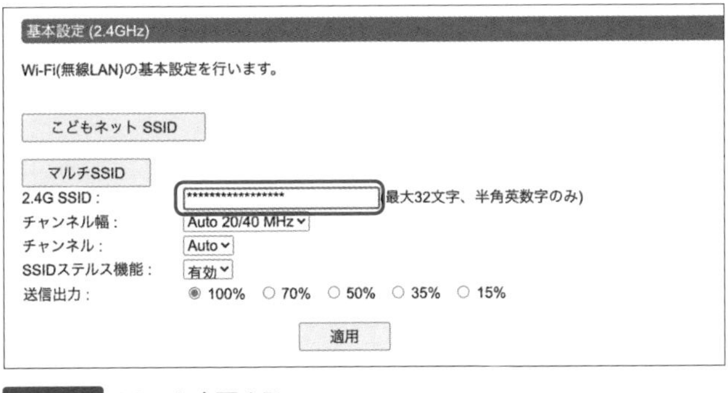

図5-5-4 SSIDを変更する

通信の暗号化

　Wi-Fiとデバイス（パソコンやスマホなど）の通信には必ず暗号化処理を施します。　暗号化方式はWPA2以上とし、WEPは使わないようにしましょう。

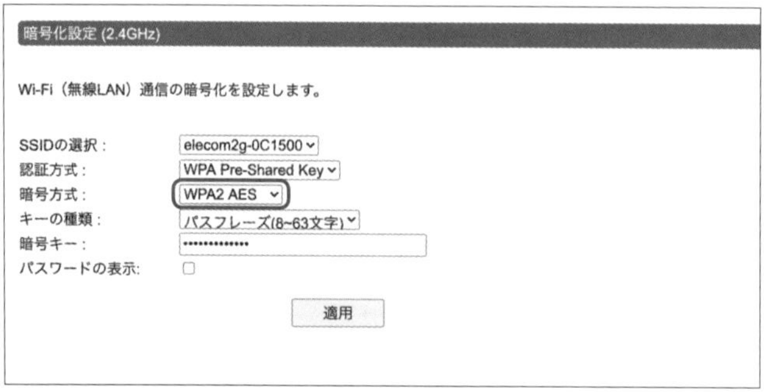

図5-5-5 暗号化方式はWPA2以上を選択する

Wi-Fi利用時のパスワードの設定

　SSIDにアクセスする際に必要となるキーフレーズ（パスワード）は、英数記号に加えて文字数が多ければ多いほどセキュリティ強化につながります。10桁以上を目安に設定しましょう。

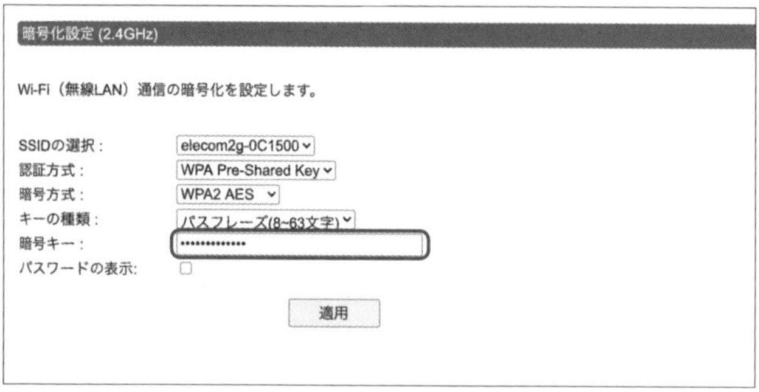

図5-5-6 キーフレーズ（パスワード）は英数記号を使い、10桁以上にするとよい

Wi-Fiルータのファームウェア最新化

　ファームウェアは常に最新の状態にしておきます。自動更新が可能であれば「有効」にしておくことで、常に最新状態を保つことができます。

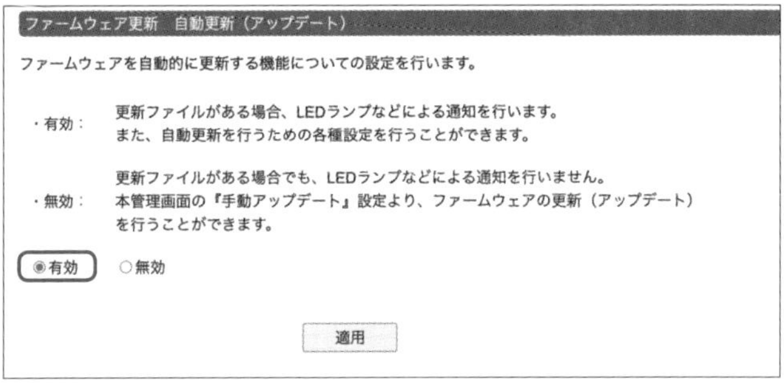

図5-5-7 ファームウェアの自動更新機能があれば「有効」にする

UPnP機能の停止

UPnP(Universal Plug and Play の略) とは、同一規格に準じているデバイス同士をネットワーク上で簡単に接続するための機能です。初心者にとって便利な機能ではありますが、セキュリティ上の脆弱性を抱えることになり、本機能を有効にしているルータが狙われ、踏み台や DDoS 攻撃の対象として利用されてしまうケースがあります。UPnP 機能は利用停止しましょう。

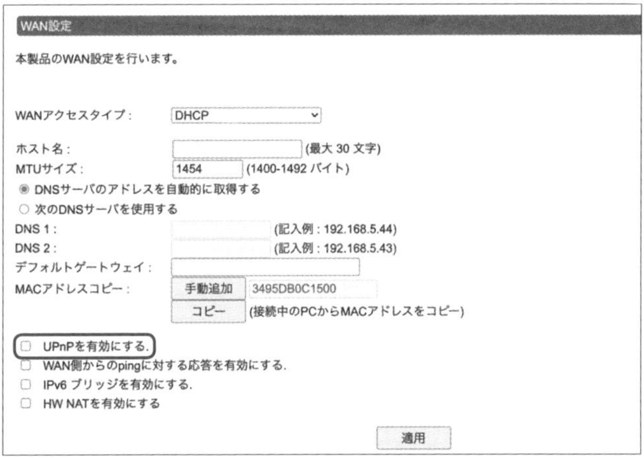

図5-5-8 UPnPは無効に

AOSSなどの簡単設定、WPS機能の停止

AOSS とは周辺機器メーカーのバッファロー社が独自で開発した Wi-Fi への接続を簡単にする機能です。それ以外のメーカーでも Wi-Fi 接続を容易にする機能が付加されているものがあります。このような機能が規格化された

ものが WPS（Wi-Fi Protected Setup）です。初期のセットアップで利用する
以外は、脆弱ポイントになり得る場所であるため、無効にしましょう。

WPSは無効にしよう

 応用　自宅Wi-Fiのセキュリティ強化 ///////////////////////////

　セキュリティ対策をより強化したい場合は、以下の設定を行うのも有効で
す。100% 安全な対策を施すのは難しいですが、「多層防御」の観点で、セ
キュリティ対策の層を厚くすることでリスクを大幅に下げることは可能にな
ります。

基本編	内容詳細
ステルス機能の有効化	SSID を見えない状態にすることで、自宅 Wi-Fi へのアクセスを簡単にできないようにする
MAC アドレスフィルタリング	端末のハードウェアに必ず搭載されている MAC アドレスを用いて指定した端末以外のアクセスを拒否する
PC 以外の接続機器のファームウェア最新化	スマートフォームやスマートテレビ、ゲーム機など、Wi-Fi に接続する機器のファームウェアを最新の状態にする

図5-5-10 自宅Wi-Fiのセキュリティ対策　応用編

ステルス機能の有効化

　Wi-Fi の電波が届く範囲であれば、あらゆる場所から SSID が見えてしまい
ます。ステルス機能を有効にすることで、SSID を簡単に見つけることがで
きなくなります。ただし、悪意を持った攻撃者が意図的に電波を探した場合
には、SSID を特定されることがあるので完璧ではないことを理解した上で、
活用しましょう。

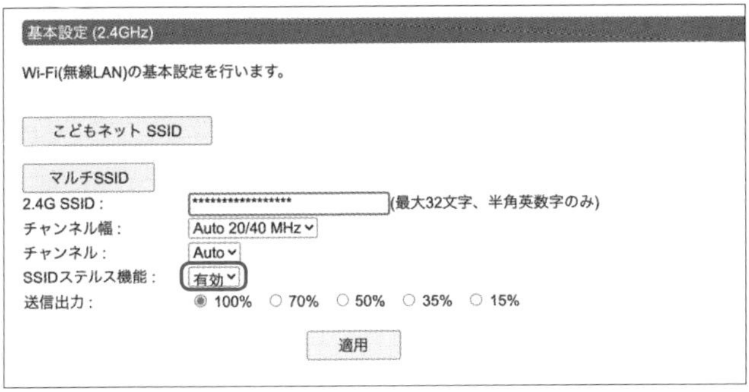

基本設定 (2.4GHz)

Wi-Fi(無線LAN)の基本設定を行います。

こどもネット SSID

マルチSSID

2.4G SSID : ***************** (最大32文字、半角英数字のみ)
チャンネル幅 : Auto 20/40 MHz ∨
チャンネル : Auto ∨
SSIDステルス機能 : 有効 ∨
送信出力 : ◉ 100%　○ 70%　○ 50%　○ 35%　○ 15%

適用

図5-5-11 ステルス機能を有効化することでSSIDが参照不可に

MACアドレスフィルタリング

　MAC アドレスとは、PC やスマホ、ルータなどネットワークを利用する端末に対し、工場出荷時に固有に割り振られる 12 桁の固有識別子のこと。「物理アドレス」とも表現され、16 進数 (0-9,A-F) で表記されます。特定のデバイスのみ通信を許可する場合、デバイスに割り当てられている MAC アドレスを登録することで、指定されたデバイス以外のアクセスができなくなる機能です。ただし、WPA2 などで暗号化した上で利用しなければ通信傍受などによって MAC アドレスを奪取される可能性がありますので、基本編でお伝えした内容を施した上で利用するようにしてください。

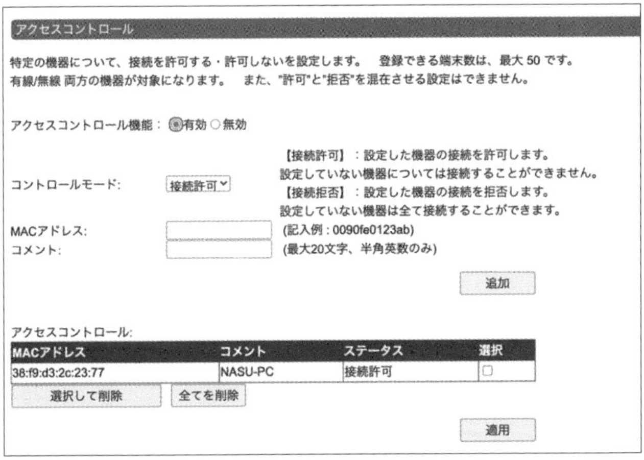

アクセスコントロール

特定の機器について、接続を許可する・許可しないを設定します。　登録できる端末数は、最大 50 です。
有線/無線 両方の機器が対象になります。　また、"許可"と"拒否"を混在させる設定はできません。

アクセスコントロール機能 : ◉有効 ○無効

コントロールモード : 接続許可 ∨

【接続許可】：設定した機器の接続を許可します。
設定していない機器については接続することができません。
【接続拒否】：設定した機器の接続を拒否します。
設定していない機器は全て接続することができます。

MACアドレス : （記入例：0090fe0123ab）
コメント : （最大20文字、半角英数のみ）

追加

アクセスコントロール :

MACアドレス	コメント	ステータス	選択
38:f9:d3:2c:23:77	NASU-PC	接続許可	☐

選択して削除　　全てを削除

適用

図5-5-12 登録したMACアドレス以外からのアクセスを拒否することができる

PC以外の接続機器のファームウェア最新化

　Wi-Fiルータに接続されている通信機器は、PCやスマホ以外にも存在しています。たとえばスマートホームなどの家電製品（電球、空調施設、冷蔵、セキュリティカメラなど）や、ゲーム機、テレビ、レコーダなどのIoT機器類です。これらが脆弱点の入り口となり、家庭内のネットワークに侵入されてしまうことも十分考えられます。これらの機器も忘れずに、ファームウェアを最新状態にするようにしましょう。

✎ **COLUMN**

テレワーク時の電話応対とセキュリティ強化の相乗効果

　テレワークを進めていく上で「代表電話などにかかってくる電話の応対はどうすればいいか？」という相談を受ける機会が増えました。社内に受電可能なメンバーがいなければ、当然テレワークの実現も難しくなります。対策としては「電話応答をアウトソースする方法」「留守電設定にして折り返す方法」「電話を指定したスマホの電話番号に転送する方法」等が挙げられます。実は上記3つの方法は、セキュリティ対策でも効果的です。攻撃者は「ソーシャルエンジニアリング」という手法を活用して、まずは代表電話などに電話をかけて企業の内情を把握したり、メールアドレスを入手したりします。これが電話応対をアウトソースしたり、電話を折り返しにすると、自分の電話番号や実情を知られたくない攻撃者は電話での情報入手を諦めるのです。電話応対をテレワーク対応にすることでセキュリティ対策にも繋がる、という相乗効果があることも覚えておきましょう。

図5-5-13 テレワークで会社に人がいない場合にも、受電情報を残し、メールやチャットツールに内容を送信し折り返しすることで電話応対を可能にしたクラウドサービス。ソーシャルエンジニアリング対策にも有効にはたらく（図は株式会社シンカの提供サービス「カイクラ」）

6章

中小企業が気をつけるべき、
さまざまな脅威とその対策

中小企業がさらされているさまざまな脅威。ここでは、脅
威ごとの手口や事例、対策を解説します。事例を知ること
で、具体的に気をつけるべきことを事前に把握することが
できます。対策については、第4章も併せて参考にしてく
ださい。

[6-1]
セキュリティに対する脅威の実態

ここからは、脅威の種類ごとに、具体的な手法や対策、事例について理解を深めていきます。これまでも見てきたように、セキュリティと一言でいっても、一般にイメージされるようなネットワークを介したハッキングやウイルスへの対策だけでなく、企業内の個人の不注意が引き起こす脅威への対策もあれば、機器の故障や災害への対策もあります。ここでは中小企業が直面するそういったさまざまな脅威の内容を見てみましょう。

 標的型攻撃 ////////////////////////////////

標的型攻撃は、特定の企業や法人、団体といった組織をターゲットとし、ターゲットとなる組織内の情報を狙って行われる攻撃の総称。その組織の業務習慣など、内部の情報について事前に入念な調査を行ったうえで、さまざまな攻撃手法を組み合わせて内部侵入を試みます。侵入後は、侵入範囲を拡大し、重要情報や機密情報の抜き取りやデータ削除などを行います。一度標的にされると未知の手段を含めて執拗に攻撃が行われるため、完全に防御することは困難です。

【主な侵入経路・原因】
- ●ソーシャルエンジニアリングの利用
- ●関係者や利用者を装い、一般公開されている電子メールアドレスにメール送付
- ●特定個人や組織が閲覧するであろうWebサイトへ不正プログラムを埋め込む（水飲み場攻撃）
- ●ウイルス対策ソフトが検知しない攻撃（ファイルレス攻撃）
- ●セキュリティの弱い取引先を経由した攻撃（サプライチェーン攻撃）

【被害】

●マルウェア感染
●パソコンのボット化、遠隔操作
●機密情報や重要情報、個人情報などの漏えい

【事例】日本年金機構の個人情報漏えい事件

2015年6月、日本年金機構が個人情報125万件を漏えいさせたと発表した。これは、日本年金機構をターゲットにした、典型的な標的型攻撃による情報漏えいだった。内閣サイバーセキュリティセンター（NISC）の調査結果で、攻撃の全貌が明らかになった。

①Webサイト上で公開されている2つのメールアドレスに対しメールを送付。

②年金業務に関係のありそうなタイトル（件名：『「厚生年金基金制度の見直しについて（試案）」に関する意見』など）を利用し、メールの開封率を高めるよう工夫。

③メールに不正プログラムを添付せず、インターネット上にあるオンラインストレージのリンクを貼り付け。メールを開封した本人が不正プログラムを自らダウンロードするように誘導。これで感染端末が遠隔操作される状態になる。

④遠隔操作された端末にて権限昇格を行う不正プログラムが実行されたり、情報収集などが行われる。なお、この際に機構職員100名分の非公開メールアドレスが収集された可能性がある。

⑤入手した機構職員のメールアドレスにメールを送付。これも年金業務に関係のありそうなタイトル（件名：『給付研究委員会オープンセミナーのご案内』など）に、不正プログラムを圧縮して添付して送付。3台の端末を不正プログラムに感染させるが、遠隔操作することはできなかった。

⑥年金機構の3つの公開メールアドレスに医療費の通知を偽装するタイトルにてメールを送付。『医療費通知』という件名で不正プログラムを圧縮し添付。1台を不正プログラムに感染させる。

⑦同一ネットワーク上にある端末に遠隔操作を仕掛け、次々に乗っ取る（最終的には23台の端末を遠隔操作下においた）。

⑧夜中に通電されている端末2台を確保し、夜通し遠隔操作が可能な環境を作り上げ、125万件もの情報を抜き取った。

　このように標的型攻撃の対象となった場合、日頃からセキュリティ対策に関する啓蒙などが行われていない中小企業では、あっという間に被害に遭遇する可能性が高いのです。中小企業だから標的にはならないだろうという甘い考えは捨て、以下のCHECK!を参考に対策してください。

メール1

件名	「厚生年金基金制度の見直しについて(試案)」に関する意見
宛先	公開メールアドレス
リンク	商用オンラインストレージ

メール2

件名	給付研究委員会オープンセミナーのご案内
宛先	非公開の個人メールアドレス
添付ファイル	給付研究委員会オープンセミナーのご案内.lzh

メール3

件名	厚生年金徴収関係研修資料
宛先	非公開の個人メールアドレス
添付ファイル	厚生年金徴収関係研修資料(150331厚生年金徴収支援G).lzh
リンク	商用オンラインストレージ

メール4

件名	【医療費通知】
宛先	公開メールアドレス
添付ファイル	医療費通知のお知らせ.lzh

図6-1-1 送信されたメールの件名、宛先、リンク、添付ファイルの一覧

サイバーセキュリティ戦略本部「日本年金機構における個人情報流出事案に関する原因究明調査結果」より抜粋、改変

CHECK!

□入り口対策（組織内部への侵入を低減する対策）を強化する
□外部との不正通信や、侵入を検知するための早期検知の仕組み（IDSやIPSなど）
□重要情報をネットワークから分離するなど、侵入範囲が広がらないようにする

KEYWORD

IDS、IPS

不正侵入を検知し、通視・防御するためのシステム。それぞれIntrusion Detection System、Intrusion Prevention Systemの略。

 ファイルレス攻撃 //

　従来型の実行形式ファイル（拡張子が.exeなどのファイル）をハードディスク上に保存する方式とは異なり、メモリ上に保存され実行されるため、ファイルがない（レス）攻撃と呼ばれます。OSに標準搭載されている正規プログラム（PowerShellなど[1]）が利用されます。ウイルス対策ソフトがマルウェアとして判断しない（できない）ような記述文（スクリプト）が記載されたファイル（拡張子.lnkなど）[2]をメールなどでPCに送り込み、コマンドを実行。攻撃者が用意した遠隔操作サーバ（C&Cサーバ）に接続され、そこからメモリ常駐型のマルウェアをダウンロード。遠隔操作やランサムウェアの実行などが行われます。パターンマッチング型のウイルス対策ソフトで検知することが難しく、長期間に渡ってPCが乗っ取られているケースも見受けられます。

※1　PowerShellの他に、WMI(Windows Management Instrumentation)やPSexecなどが用いられる
※2　「ファイルレス攻撃」という名称だが、最初の攻撃では拡張子が.lnkや.rtfなどのデータが送られてくる。ここでいう「ファイルレス」とは、ディスク上に保存されるような実行形式（拡張子.exeなど）のファイル（マルウェア）が残らず、アンチウイルス対策ソフトのチェックが反応できないという意味で使用されている。

【主な侵入経路・原因】

●電子メール（PC）に添付されたファイルをクリック
●Webサイト（不正な命令やスクリプトが埋め込まれたサイト）経由
●Webサイトに表示されている不正広告（マルバタイジング）経由

【被害】

●パソコンのボット化、遠隔操作
●身代金ウイルス感染
●サプライチェーン攻撃の踏み台
●機密情報や重要情報、個人情報などの漏えい

【対策】

- メールの添付ファイルやリンクファイルなどを不用意に開かない
- サイバー攻撃やファイルレス攻撃を可視化するツールを利用する（参考　第2章：【基本】新たな攻撃手法「ファイルレス攻撃」の登場　内にて示している可視化ツール。通称EDR：Endpoint Detection and Response（エンドポイントでの検出と対応）と呼ばれる）

🔒 脅威　サプライチェーン攻撃 //////////////////////////////////

　攻撃者が欲しいと思っている機密情報などを保有する企業（大企業など）を直接攻撃するのではなく、ビジネス上の取引があり、かつセキュリティが弱い関連子会社や取引企業（サプライチェーン企業）に攻撃を仕掛けて本丸に近づき、情報を盗み出す攻撃手法です。

　セキュリティ対策に多くの機材投資や人件費を使っている企業は侵入のハードルが高いため、セキュリティが脆弱な関連子会社などに狙いを変えた上で侵入。その後ゆっくりとサプライチェーンの上層部に侵入する効率的な手法により、事業を営むすべての企業が攻撃者から狙われる状況になりました。

【主な侵入経路・原因】

- セキュリティが脆弱な関連子会社や取引先企業

【被害】

- 侵入を許してしまった企業と取引のあるすべての企業への侵入
- 機密情報（国家機密を含む）を持つ大企業などの法人、中堅企業経由での情報漏えい

【事例】大手電機メーカーへのサイバー攻撃

　2020年1月、大手電機メーカーである三菱電機が「不正アクセスによる個人情報と企業機密の流出可能性について」という表題にて、サイバー攻撃に遭遇していた事実を公表した。公式見解として発表された内容ならびにメディア各社の取材によって明らかになった情報をまとめると、**標的型攻撃**、**サプライチェーン攻撃**、**ファイルレス攻撃**などを統合した手法でサイバー被害に遭遇した全貌が浮かび上がってくる。

- ●日本の重要インフラ情報や、防衛機密情報などを保有する企業をピンポイントで狙ってきた（標的型攻撃）
- ●はじめに攻撃のターゲットとなったのは、中国にある関連子会社を入り口とした（サプライチェーン攻撃）
- ●ウイルス対策ソフトなどの脆弱性を突いた攻撃だが、その手法としてWindowsに標準搭載されている正規プログラムであるPowerShellが使われていた（ファイルレス攻撃）

MITSUBISHI ELECTRIC
Changes for the Better

NEWS RELEASE

（経営 No.2005）

2020年2月12日
三菱電機株式会社

不正アクセスによる個人情報と企業機密の流出可能性について（第3報）

　三菱電機株式会社は、1月20日に公表した不正アクセス事案（「不正アクセスによる個人情報と企業機密の流出可能性について」）について、攻撃を受けた可能性のあるすべての端末を精査する中で、流出可能性のあるファイルとして、防衛省の指定した「注意情報」があることを2月7日に発見し、同日、防衛省に報告の上、2月10日に第2報として公表いたしました。当社の調査が完全でなく、国の防衛に関わる情報が流出した可能性があるという事態を引き起こし、深く反省しております。防衛省をはじめ、皆さまにご迷惑とご心配をおかけしていることを、深くお詫び申し上げます。

　以下に2月10日に公表した第2報についてあらためてご報告するとともに、サイバーセキュリティーに資する情報の共有を図るべく、攻撃手法や当社での検証プロセスなどを、合わせてお知らせします。

　電力・鉄道などの社会インフラに関する機微な情報、機密性の高い技術情報や取引先との契約で定められた重要な情報は、攻撃を受けた可能性のあるすべての端末からアクセス可能な範囲に含まれておらず、流出していないことを再確認しました。

　現在、1月20日に公表した個人情報が流出した可能性のある方々へのご報告を終え、流出した可能性のある企業機密に関係するお客様への一次報告も終えております。

　該当の方々や関係するお客様に多大なるご迷惑とご心配をおかけしていることを、あらためてお詫び申し上げます。また、当社が端末の不審な挙動を認識してから公表に至るまで、半年以上を要したことを反省いたします。

　当社グループ全体の情報セキュリティー体制強化に向け、迅速な判断とインシデント発生時のお客様や関係機関との早期情報共有等を目的に、情報セキュリティー全般の企画・構築・運営の機能を一元的に担う社長直轄の統括組織を2020年4月1日付にて新設する予定です。

　当社は、今回の事案を教訓として、社会全体のセキュリティーレベル向上に貢献してまいります。

図6-1-2 三菱電機が発表したサイバー攻撃に関する被害状況をまとめたリリース

【対策】

　このように、サイバー攻撃で使われる手口は、複数の組み合わせで構成されることが多いようです。どんな企業でも、関連子会社、仕入れ先、パートナー企業などと何かしら情報のやり取りが行われているはずです。もはや事業規模の大小や、有名か否かは関係ありません。メールやデータなどのやり取りをしているすべての企業、法人、団体が必ずセキュリティ対策を施さなくてはならない時代になりました。自社に対する具体的なセキュリティ対策については本書に掲載されている内容を網羅的に取り組んでいただいたうえで、以下の対策を施すようにしてください。

● 多層防御の概念を理解し、実際に取り入れる（参考：第4章　すぐできるセキュリティ対策の基本）
● サイバー攻撃やファイルレス攻撃を可視化するツールを利用する。

CHECK!

- □ 情報のやり取りをしている取引先を洗い出す。特に重要情報の取り扱い先を洗い出す
- □ 重要情報の取り扱いがある取引先に対して、現状取り組んでいるセキュリティ対策を必ず確認する
- □ 適切に情報管理が実施されているかどうかを監査などによって確認する
- □ 重要情報や機密情報を取り扱う端末を特定する。場合によってはネットワークから分離する。

脅威　ドライブ・バイ・ダウンロード

　公開されている Web サイト（正規サイト）の脆弱性を突き、侵入します。不正なプログラムを埋め込み、一般ユーザのブラウザなどに脆弱性がある場合、Web サイトを見ただけで不正なプログラム（マルウェアなど）がダウンロードされ、遠隔操作被害やインターネットバンキングの不正送金被害、身代金ウイルス被害、ボットプログラムのダウンロード被害などに遭遇します。

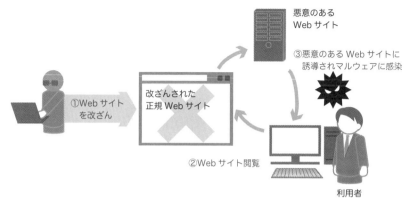

悪意のある
Web サイト

③悪意のある Web サイトに
誘導されマルウェアに感染

改ざんされた
正規 Web サイト

①Web サイト
を改ざん

②Web サイト閲覧

利用者

図6-1-3 ドライブ・バイ・ダウンロードの攻撃パターン

【主な侵入経路・原因】

●Webサイト（不正な命令やスクリプトを埋め込まれた正規サイト）経由
●Webサイトに表示されている広告経由

【被害】

●マルウェア感染
●パソコンのボット化、遠隔操作
●機密情報や重要情報、個人情報などの漏えい
●インターネットバンキングの不正送金被害
●身代金ウイルス感染

【対策】

●OSのバージョンを最新状態にする
●古いブラウザ（IEなど）は使わない／ブラウザを最新状態にする

 脅威 　水飲み場攻撃 //

　ドライブ・バイ・ダウンロードの発展系です。特定の個人や組織を狙う「標的型攻撃」。特定個人や組織がよく訪問するであろう Web サイトに侵入、改ざんし、狙われた個人や組織が Web サイトを閲覧したときのみに不正プログラムをダウンロードします。遠隔操作プログラムが仕掛けられて機密情

報が抜き取られたりします。

図6-1-4 水飲み場攻撃のイメージ

【主な侵入経路・原因】

●特定個人や組織が閲覧するであろうWebサイト

【被害】

●マルウェア感染
●パソコンのボット化、遠隔操作
●機密情報や重要情報、個人情報などの漏えい

【対策】

●OSのバージョンを最新状態にする
●古いブラウザ（IEなど）は使わない／ブラウザを最新状態にする

脅威 フィッシング ///

　銀行やクレジットカード会社などを装った電子メールを送り、偽サイトなどに誘導します。住所や氏名、クレジットカード番号や預金口座番号、パスワードといった重要情報を抜き取り、その情報を利用して金銭などを詐取する方法です。

【主な侵入経路・原因】

●送信元のメールアドレスで銀行などを騙り、電子メールに銀行などの偽サイト（フィッシングサイト）のURLを貼り付け、誘導し、重要情報を入力させる

図6-1-5

送信されたSMS。実在するネットバンクの名前を騙り、あたかも正規メールのように装っている。記載されたURLにアクセスすると、図6-1-6のような偽装サイトに誘導される

www.japanectbank-co-jp.pw

図6-1-6 メールで送られてきたURLにアクセスするとフィッシング偽装サイトに接続。ぱっと見比べても以下 （図6-1-7）の正規サイトと違いがわからない。URLに注目すると、「〜co-jp.pw」のように不自然なことがわかる

www.japannetbank.co.jp

図6-1-7 正規サイト。URLをよく見てみると、偽装サイトと異なっていることがわかる

図6-1-8 偽装サイトのログイン画面（左）と正規サイトのログイン画面（右）。正規サイトのほうは、不正送金に関する注意事項が大きく掲載されているのがわかる。また、URLを見ると正規サイトは南京錠マークとEV SSLの表示が付いていることがわかる。左の偽装サイトでパスワードなどを入力しログイン操作を行うと、実際にはログインせずに入力した情報が抜き取られる

【被害】

●ID、パスワード情報の漏えい
●金銭被害、インターネットバンキングの不正送金被害

【事例】インターネットバンキング不正送金被害

　従業員20名程度の運輸業。決済業務などお金に関することは社長自ら、インターネットバンキングにて管理。自分の机の上にあるパソコン端末で、通常の仕事をしながらメールチェックやインターネットバンキングを利用していると、取引銀行から「システムのアップデートを行いました。新たに登録をお願いします」というメールが届いた。メールのURLをクリックすると、「お客様情報をご記入いただくよう、お願い申し上げます」という画面表示とともに、合言葉や自分に関する質問に答えるよう促された。別段、不審に思うこともなく、いわれるがままに質問に答えていった。

　翌日、インターネットバンキングの入出金状況を見て驚愕した。1,000万円もの金額が身に覚えのない人宛に振り込まれていたためだ。従業員に支払う給料と、仕入れ元に月末に支払うお金がなくなっていた。頭が真っ白になったが、すぐに金策に走り、何とか資金繰りの目処はついた。

　同時にすぐに銀行に連絡。警察にも被害届を出し調査を開始しているが、何者かに盗られてしまったお金はいまだ戻ってきていない。

【対策】

　中小企業で不正送金被害に遭遇した場合、金額によっては経営危機に陥るほど被害が深刻化するケースが見受けられます。

　侵入経路は**詐欺メールによるフィッシング**、**正規サイトの乗っ取り（ドライブ・バイ・ダウンロード）によりWebサイト閲覧でウイルス感染**、**便乗詐欺サイトからのウイルス感染**など多岐に渡ります。不正送金被害が発生した際、銀行が最低限指定する「インターネットバンキング利用時のセキュリティ対策」に従っていない場合は、被害額が補償されない可能性が高くなります。以下のすべての対策を確実に施すようにしてください。

CHECK!

☐インターネットバンキングを利用するパソコンは「専用端末」とする
☐インターネットバンキング利用時以外はパソコンの電源を切断する
☐振込や支払い金額の上限を必要最低限に抑える
☐取引履歴を随時チェックし、不審な取引がないか確認する
☐不要なJavaの削除、もしくは最新状態へのアップデート
☐Flashを最新状態へアップデート
☐古いOSの利用停止
☐OSを最新状態へアップデート
☐ウイルス対策ソフトのパターンファイル最新化
☐UTM（統合脅威管理）の導入
☐銀行が指定する以下のような対策の実施
　☐不正送金対策ソフトウェアの利用
　☐電子証明書の利用
　☐ワンタイムパスワードやスマホを活用した2経路認証等の利用
　☐パスワードの定期的な変更

KEYWORD

EV SSL

　Webサイトの認証と通信の暗号化技術として用いられるSSL証明書を強化し、よりハイレベルな審査基準を経て発行された証明書のこと。

脅威 スパムメール //

　受信側の意図を無視して一方的に、かつ大量に送りつけられるメールの総称。迷惑メールともいわれます。「スパム」とは缶詰ハムの商品名。イギリスのコメディアンがテレビ番組のコントで、レストランで「スパムスパムスパム……」と連呼し、店員や周りにいた客も一緒に「スパム」の大合唱を起こす、というネタが語源となっています。情報を一方的かつ執拗に届け続けることを模して「スパムメール」といわれるようになりました。

【主な侵入経路・原因】

●電子メール（PC、携帯、スマホ）

【被害】

●大量のメール受信によるネットワーク遅延、メール削除にかける時間のロス
●大量の電子メールに重要なメールが埋もれてしまい、見逃してしまう
●金銭被害
●マルウェア感染

【対策】

●スパムメールや迷惑メールを排除するメールシステムやウイルス対策ソフト、UTMなどを活用する

 脅威 DoS攻撃／DDoS攻撃 //////////////////////////////////

　Webサーバやルータなど、ネットワークを構成するサービスや機器に対して、大量の情報（パケット）を送りつけ、アクセスしにくい状況にしたり、サービスを使用停止状態に追い込むなど、機能を停止させる攻撃を **DoS (Denial of Services attack) 攻撃**（サービス不能攻撃）といいます。乗っ取ったPC（ゾンビPC、ボットPC）をコントロールするサーバ（C&Cサーバ:Command & Control Server）の配下に置き、攻撃者の命令によって一斉に攻撃を仕掛けることを **DDoS攻撃**（Distributed Denial of Service attack）といいます。

中小企業が気をつけるべき、さまざまな脅威と対策

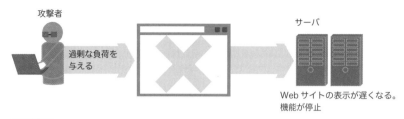

図6-1-9 DoS攻撃の例

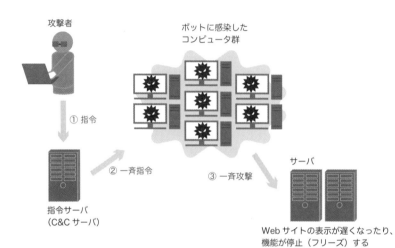

図6-1-10 DDoS攻撃の例

【主な侵入経路・原因】

●ボット化したパソコンを介した一斉攻撃
●標的型攻撃の利用
●F5（リロード）攻撃（Webサイトの場合）
●スパムメールの大量送付

【被害】

●ネットワーク通信が遅くなる、利用できなくなる
●Webサービスなどが利用できなくなる
●通信機器の誤動作による内部侵入
●機密情報・重要情報などの漏えい

【対策】

●攻撃防御策としてWAF（Web Application Firewall）/IDS・IPS/UTMを導入する

 脅威　マルバタイジング（不正広告）

　ネット広告（バナー広告など）を利用し、マルウェアを拡散する手法。マルウェアとアドバタイジング（Advertising：広告）を組み合わせた造語で、OSやブラウザに脆弱性がある場合は、広告をクリックしなくても表示された途端にマルウェア被害に遭遇することがあります。

【主な侵入経路・原因】

●ネットサーフィンなどでWebサイトに掲載されているネット広告、バナー広告
●アップデートが行われていない、セキュリティが脆弱なOS
●アップデートが行われていない、セキュリティが脆弱なブラウザ

【被害】

●パソコンのボット化、遠隔操作
●身代金ウイルス感染
●機密情報や重要情報、個人情報などの漏えい

【対策】

●OSのバージョンを最新状態にする
●古いブラウザ（IEなど）は使わない／ブラウザを最新状態にする

 脅威　ゼロデイ攻撃

　セキュリティホールやプログラムの脆弱性を利用して、OSメーカーやアプリケーションメーカーなどから修正プログラム（セキュリティパッチ）が提供され、コンピュータに適用される前に攻撃を行います。Internet Explorerなどの Web ブラウザの脆弱性や、Adobe Flash の脆弱性が見つかったにも関わらず、サービスを提供するメーカー側が修正プログラムを提供

していなかったり、提供までに時間がかかる場合は脆弱性が残ったままとなります。このような状態を狙った攻撃の総称を **0（ゼロ）Day（日）攻撃** と呼びます。

【主な侵入経路・原因】

●Webサイト乗っ取り
●電子メール送付（フィッシング）

【被害】

●マルウェア感染
●パソコンのボット化、遠隔操作
●機密情報や重要情報、個人情報などの漏えい
●インターネットバンキングの不正送金被害
●身代金ウイルス感染

【事例】ゼロデイ攻撃によるWebサイト被害で異例の修正プログラム配布

マイクロソフトが提供しているOS「Windows XP」は2014年4月にメーカーサポートを終了した。通常、メーカーサポートが終了したOSでは、その後に発見された脆弱性を修正するためのプログラム（セキュリティパッチ）を配布することはない。ところが、翌月の5月に異例の修正プログラムを発表した。理由は「Internet Explorer バージョン6〜11に、致命的な欠陥が見つかった」ためであった。脆弱性を残したままのWeb ブラウザでインターネットを利用するのは、鍵のかからないドアを放置するようなもので、極めて危険性が高い。インターネットバンキングの不正送金被害が2014年に激増したのも、ゼロデイ攻撃による被害が拡大した可能性も否めない。

【対策】

ゼロデイ攻撃は、修正プログラムが配布されていない状態で行われるものであるため、完全に防ぎきるのは難しい攻撃です。怪しいWeb サイトに行かなければ被害に遭遇しないわけではなく、最近では正規のWeb サイトが攻撃者によって改ざんされてしまい、そうとは知らずに脆弱性を保有したままのWeb サイト閲覧者がマルウェア感染するなどの被害が発生しています。古いバージョンのInternet Explorer は使用しない、修正プログラムは適宜最

新状態にアップデートする、インターネットバンキングを利用する端末は専用端末とし、ネットサーフィンや電子メールのやり取りをしないなどの配慮が必要です。

CHECK!

- □インターネットバンキングを利用するパソコンは「専用端末」とする
- □不要なJavaの削除、もしくは最新状態へのアップデート
- □Flashを最新状態へアップデート
- □古いOSの利用停止
- □OSを最新状態へアップデート
- □不要なメールは開封せずに削除
- □ウイルス対策ソフトのパターンファイル最新化
- □UTM（統合脅威管理）の導入

COLUMN

メールを開いただけで感染する？

　メールソフトの中には、送受信するメールをHTML形式にしたり、プレビュー表示ができるものもあります。HTMLとは、ホームページを記述するための言語、プレビューとは、メールを開封しなくても中身を表示できる機能です。HTML形式のメールは、Webページのように文字色をカラフルにしたり、絵や写真画像などを貼り付けることも可能です。この機能を悪用したウイルスが存在します。メールを開封しただけ、もしくはプレビューしただけで感染してしまうのです。

　メールソフト上で「HTMLメールを表示しない」「プレビューを表示しない」といった設定にすることで、ウイルス感染を防ぐことができます。

 脅威 マルウェア ///////////////////////////////////////

　悪意を持ったソフトウェアの総称。ウイルス、トロイの木馬、ワーム、ランサムウェアなどがあります。

【主な侵入経路・原因】

●Webサイト経由（正規サイト、危険性が高いWebサイト、広告サイトなど）
●電子メール経由（ウイルス添付、サイト誘導、クラウドストレージ経由など）
●メディア経由（CD／DVD／USBメモリ／外付けHDDなど）
●スマホ経由

【被害】

●パソコンのボット化、遠隔操作
●機密情報や重要情報、個人情報などの漏えい
●インターネットバンキングの不正送金被害
●金銭被害（仮想通貨など）
●身代金ウイルス感染

【対策】

●ウイルス対策ソフトを必ず導入し、最新状態にする

 脅威　ワーム//

　自身を複製して増殖する、マルウェアの一種。何かしらのプログラムに寄生することなく、単独で行動することができることからワーム（虫）といわれます。ワームは自己増殖をするため、一度感染するとネットワークや電子メールなどを経由して一気に拡大します。2001 年に、マイクロソフトの IIS（Web サービス）を介して感染拡大した CodeRed や、電子メールを介して感染を拡げた Nimda、2003 年に異常終了と再起動を繰り返した Blaster もワームの一種です。

【主な侵入経路・原因】

●Webサイト経由（正規サイト、危険性が高いWebサイト、広告サイトなど）
●電子メール経由（ウイルス添付、サイト誘導、クラウドストレージ経由など）
●メディア経由（CD／DVD／USBメモリ／外付けHDDなど）
●スマホ経由

【被害】

- ●データの破壊
- ●自己増殖によるネットワーク上へ拡大
- ●ワーム添付メールの発信源

【対策】

- ●ウイルス対策ソフトを必ず導入し、最新状態にする

 脅威 遠隔操作ウイルス ///

　インターネットなどの外部から、利用者のコンピュータを自由に遠隔操作可能にするウイルスの総称。自分の端末の画面のようにあらゆる操作が可能になり、情報を抜き取られたり、外部への攻撃を仕掛けたり（ゾンビPC化）することが可能になります。

【主な侵入経路・原因】

- ●Webサイト経由（正規サイト、危険性が高いWebサイト、広告サイトなど）
- ●電子メール経由（ウイルス添付、サイト誘導、クラウドストレージ経由など）
- ●メディア経由（CD／DVD／USBメモリ／外付けHDDなど）
- ●スマホ経由
- ●フリーウェア、シェアウェア（ソフトを継続して利用する場合に代金を支払うソフトウェアの形態）

【被害】

- ●機密情報や重要情報の漏えい
- ●ID・パスワード情報の漏えい

【事例】突然刑事が自社に！
PCが乗っ取られて遠隔操作、不正送金の容疑者に

　従業員2名の保険代理店。通常通り仕事をしていると突然3人組の刑事が乗り込んできた。

　「あなたの会社にインターネットバンキングの不正送金の容疑がかかって

います」と事情聴取を受け、パソコンも押収された。聴取を受ける中で、自分たちのパソコンが乗っ取られており、インターネットバンキングの不正送金に加担していたことが判明。ウイルス対策ソフトも入れており、怪しいWebサイトに訪問した覚えもないため、まさか自分たちのパソコンが乗っ取り被害に遭い、他社を攻撃していたなんて、と驚いた。事件以来、パソコンを使ったインターネットの利用は必要最低限に留めることにした。

【対策】

インターネットバンキングの不正送金の「加害者」として犯罪に加担してしまった事例です。不正なプログラムを埋め込まれ、パソコンが遠隔操作で操られてしまいました。電源を落としたにも関わらず立ち上がっていたなど、パソコンが不審な動きをしていたにも関わらず故障と勘違いしてしまい、適切な対策を打たなかったことも原因の一つです。ファイアウォールや UTM などの通信ログ機能を使ってインターネットの通信を「視覚化」することが有効です。

CHECK!

□不要なJavaの削除、もしくは最新状態へのアップデート
□Flashを最新状態へアップデート
□古いOSの利用停止
□OSを最新状態へアップデート
□ウイルス対策ソフトのパターンファイル最新化
□通信ログを可視化できる、ファイアウォールやUTMなどの利用
□Webフィルタリング機能を使い、Webサイトのアクセス制限をかける

 脅威 トロイの木馬 ///

役に立ちそうなアプリケーションや文書ファイルなどと偽り、インストールするとバックドア（自由に出入りが可能になるトビラ）が仕掛けられたり、キーボードのログを取られたり（キーロガー）、画面をキャプチャーされたりするプログラム。ワームとは異なり、自己増殖をすることがなく、侵入し

たコンピュータ内に留まり動作します。

【主な侵入経路・原因】

- ●Webサイト経由（正規サイト、危険性が高いWebサイト、広告サイトなど）
- ●電子メール経由（ウイルス添付、サイト誘導、クラウドストレージ経由など）
- ●メディア経由（CD／DVD／USBメモリ／外付けHDDなど）
- ●フリーウェア、シェアウェア（ソフトを継続して利用する場合に代金を支払うソフトウェアの形態）

【被害】

- ●機密情報や重要情報の漏えい
- ●ID・パスワード情報の漏えい

【対策】

- ●ウイルス対策ソフトを必ず導入し、最新状態にする

 脅威　バックドアプログラム ////////////////////////////////////

　侵入に成功したコンピュータ端末に引き続き自由に出入りできるようにするための秘密の通用口のこと。セキュリティの脆弱性を塞がれたとしても、秘密の通用口情報を知っている攻撃者には何度も侵入を許すケースもあります。

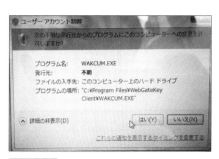
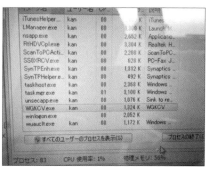

図6-1-11 バックドアプログラムとして仕掛けられていた例（WAKCUM.exe）。

タスクマネージャーに常駐し、常時起動（提供：船井総合研究所）

6-1

中小企業が気をつけるべき、さまざまな脅威と対策

【主な侵入経路・原因】

- ●Webサイト経由（正規サイト、危険性が高いWebサイト、広告サイトなど）
- ●電子メール経由（ウイルス添付、サイト誘導、クラウドストレージ経由など）
- ●メディア経由（CD／DVD／USBメモリ／外付けHDDなど）
- ●フリーウェア、シェアウェア（ソフトを継続して利用する場合に代金を支払うソフトウェアの形態）

【被害】

- ●機密情報や重要情報の漏えい
- ●ID・パスワード情報の漏えい

【対策】

- ●ウイルス対策ソフトを必ず導入し、最新状態にする

 脅威 ランサムウェア（身代金ウイルス）////////////////////

　コンピュータ内のデータを暗号化し、データを人質に取った上で身代金を要求します。復号化のための鍵が欲しければビットコインなどでお金を支払うよう誘導するウイルス。身代金ウイルス。

【主な侵入経路・原因】

- ●Webサイト経由（正規サイト、危険性が高いWebサイト、広告サイトなど）
- ●Webサイトに表示されている広告経由
- ●電子メール経由（ウイルス添付、サイト誘導など）

【被害】

- ●データ喪失
- ●金銭被害（ビットコインなどによる直接支払）

【事例】身代金ウイルスに感染！
重要なデータが暗号化されて使えなくなった

　従業員10名の建築設計事務所。パソコンの端末画面がおかしいのに気づいた。シールド（盾）のマークとともに、英語表記で「あなたのパソコンのデータは暗号化されました。残り4日の間に、ビットコインで30万円支払えば、暗号化を解除するために必要な鍵を渡します」……時限爆弾の残り時間を計るように、「残り86時間31分27秒」などと書かれたタイマーカウンターがどんどん減っていく。Wordの社内文書やExcelでまとめていた取引企業リスト一覧、元請会社から預かった設計図面データ、現場で撮影した写真データ……すべてのデータに「.ecc」という身に覚えのない拡張子がついていた。すでにデータが暗号化された状態で、すべてが開けない状態に。

　ネットワーク上にあるハードディスク（NAS)にバックアップデータを保存していた。

　心配になって開いてみると、そのデータもすべて暗号化されていた。専門家に問い合わせてみたが、「一度暗号化されてしまったデータの復元はほぼ不可能」との回答を受けた。

【対策】

　世界的に感染被害が拡大している身代金ウイルス（ランサムウェア）。暗号化の手口でデータを人質に取り、金銭を要求します。一度暗号化されたデータは復号化するのはほぼ不可能。感染経路は「メールによるウイルス感染」もしくは「Webサイト閲覧による感染」の2つです。「メールによるウイルス感染」は、標的型攻撃の手口で、実在企業や団体を偽りメール送信したり、迷惑メールのような形でランダムにメールを送信。実行ファイルを開かせることによって感染します。

　これらの被害を防ぐためには、多層防御の考え方が重要になります。JavaやFlash、OS、ウイルス対策ソフトを最新状態へアップデート。UTM装置の導入で、インターネットの入り口でウイルスを遮断したり、迷惑メールを受信しないようにしたり、**レピュテーション機能**で危険性が高いWebサイトの自動排除を実行するなどです。バックアップも非常に重要になります。ネットワーク上にあるNASにバックアップを取っている場合でも、データを暗号化されるケースがありますので、**オフラインバックアップ**（バックア

ップしたデータをパソコンやネットワークから物理的に切り離す）が有効です。また、データの拡張子が「.ecc」などに変わるランサムウェアの場合は、**クラウドバックアップ**も有効です。

CHECK!

□不要なJavaの削除、もしくは最新状態へのアップデート
□Flashを最新状態へアップデート
□OSを最新状態へアップデート
□ウイルス対策ソフトのパターンファイル最新化
□UTM（統合脅威管理）の導入
□バックアップ（オフラインバックアップ、クラウドバックアップ）

 脅威 アドウェア ///

プログラムの無料利用を許可する代わりに、PC 上に広告を強制的に掲載させるプログラムの総称です。ブラウザの閲覧履歴や、キーボードの入力履歴などを収集し、利用者の行動履歴に基づき広告を表示させるものもあり、スパイウェアとしての機能を保有するものもあります。

【主な侵入経路・原因】

●フリーウェア、シェアウェア（ソフトを継続して利用する場合に代金を支払うソフトウェアの形態）

【被害】

●行動履歴の流出（Webサイト閲覧履歴、キーボードのログ情報など）

【対策】

●会社から指定されたソフトウェア以外のインストールを行わない
●ウイルス対策ソフトを必ず導入し、最新状態にする

脅威 ボットネット //

PC が攻撃者から乗っ取られて、遠隔から自由に操作されるコンピュータの総称をボット（ロボットの略）といいます。別名ゾンビ PC。これら多数のゾンビ PC で構成されるネットワーク上のコンピュータの総称。

【主な侵入経路・原因】

●Webサイト（正規サイト）経由
●Webサイトに表示されている広告経由
●電子メール（ウイルス添付、サイト誘導、クラウドストレージ経由など）

【被害】

●他人への攻撃によるサイバー犯罪加害者
●ネットワーク回線障害

【対策】

●アンチボット機能を搭載したUTMや、C&Cサーバ（攻撃者が用意した遠隔操作サーバ）への通信を遮断するゲートウェイを用いる
●EDRを用いて攻撃の状況を可視化する

 脅威 マクロウイルス //

マイクロソフト社の Word や Excel に付随する、作業を自動化するための機能である**マクロ**を利用したウイルスです。感染したデータを開くと、マクロで作成されたプログラムが自動実行され、保存してあるメールアドレス宛に勝手にメールを送付したり、共有フォルダ内に保存されているファイルに次々と感染するなど、利用者が意図しない振る舞いをします。

【主な侵入経路・原因】

●電子メール（ウイルス添付、サイト誘導、クラウドストレージ経由など）
●メディア（CD／DVD／USBメモリ／外付けHDDなど）

【被害】

●マイクロソフト社Officeデータの破壊、改ざん
●スパムメール配信

【対策】

●OS並びにOffice系プログラムを最新状態にする
●ウイルス対策ソフトを必ず導入し、最新状態にする
●マクロを有効化しない

🔒 脅威 スパイウェア //

　コンピュータの利用者が意図しないうちに、閲覧した Web サイト情報などの行動履歴を収集したり、キーボードに入力した情報を盗む（キーロガー）、個人情報を収集する、パスワードを盗み取るといった悪意のあるプログラムの総称です。

User ID | XXXXXXX
Password | ●●●●●●●●
押したキーが記録される

図6-1-12 キーボードに入力した情報を抜き取るキーロガーのイメージ

【主な侵入経路・原因】

●フリーウェア、シェアウェア（ソフトを継続して利用する場合に代金を支払うソフトウェアの形態）

【被害】

●行動履歴の流出（Webサイト閲覧履歴、キーボードのログ情報など）

【対策】

●会社から指定されたソフトウェア以外のインストールを行わない
●ウイルス対策ソフトを必ず導入し、最新状態にする

脅威 スケアウェア //

　コンピュータの利用者を脅して解決のためのプログラムを買わせたり、情報を盗み取ったりするプログラムをダウンロードさせようとする攻撃の総称です。広告やポップアップ画面上で「あなたの PC は危険です」などと表示し、不安を煽って行動を誘発します。

図6-1-13 Webブラウザ上に表示されるスケアウェアの例。だまされてクリックしてはいけない

【主な侵入経路・原因】

●Webサイト（広告）

【被害】

●金銭被害（不要なプログラムの購入）

【対策】

●OSのバージョンを最新状態にする
●古いブラウザ（IEなど）は使わない／ブラウザを最新状態にする
●ウイルス対策ソフトを必ず導入し、最新状態にする
●怪しいサイト（アダルト、ドラッグ、暴力サイトなど）に行かない

[6-2]
Webサイトに対する
脅威と対策

Webサイトはあらゆる企業にとって必要不可欠なものとなりました。会社案内のために自社サイトを見てもらう。会員を集めて情報発信をするなどの顧客接点の場として。業績向上に繋げるためのマーケティング時に。通販サイト経由で商品を購入してもらうなど。インターネット上に情報を掲載するわけですから、当然のことながらサイバー攻撃の格好のターゲットになりやすく、情報漏えい、改ざん、コピーサイト、フィッシングなどの被害が後を絶ちません。特に中小企業の場合は、Webサイトの構築を制作会社に任せているケースが多く、セキュリティ対策が施されていないままに公開されているWebサイトも多く見かけます。Webサイトは常に狙われる可能性がある、ということを前提としてセキュリティ対策を施しましょう。

脅威 SSLの未設定 //

SSL（Secure Sockets Layer）とは、Web サイトと PC やスマホなどの端末間のデータのやり取りを暗号化することで、インターネット上に流れる情報が盗み取られないようにする仕組みのことです。SSL 化が施されている Web サイトは「https:〜」と http の後ろに「s」の文字がついています。

たとえば、企業のお問い合わせページに「会社名」「担当者名」「メールアドレス」といった必要事項を入力して申し込みなどを行うケースがありますが、データのやり取りが暗号化されていない Web サイト（http://〜）の場合、入力して「送信」ボタンを押した途端に、インターネット上に生データとして「会社名」「担当者名」「メールアドレス」などの情報が流れてしまいます。生データを送信する途中で通信が傍受されてしまう可能性があり、情報漏えいに繋がってしまうのです。

インターネットバンキングを利用する時のことを想像してみてください。ログインする際に契約者番号や暗証番号を入力しますが、この通信が暗号化されておらず、生データとしてインターネット上に流れていると思うと、その

危険性が理解できるはずです。

　そもそも自社サイトの HP が「https: ～」化されていない場合、それだけでセキュリティ対策のことがわかっていない企業とみなされ、敬遠されてしまうケースも起こっています。Web サイトの SSL 化はセキュリティ対策上、必須事項として取り組んでください。

【被害】

- ●入力情報の通信傍受による情報漏えい
- ●セキュリティが弱い会社として攻撃者に狙われやすくなる
- ●Webサイト運営者のセキュリティ上の信頼失墜
- ●検索順位の低下、Webサイトが表示されなくなる可能性

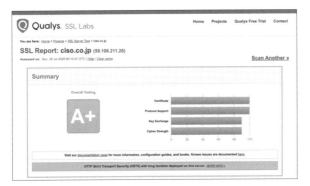

図6-2-1 SSLベンダのチェックツールを利用することで、自社サイトのセキュリティ対策状況がわかる

https://www.ssllabs.com/ssltest/

 脅威 WordPress脆弱性 //

　オープンソースで誰でも手軽に Web ページやブログとして利用できる **WordPress** は、世界でも人気の CMS（Contents Management System）の一つです。それだけに、その脆弱性を狙った Web 改ざん事件は後を絶ちません。WordPress は利用ユーザ数が多く、プラグインも豊富であるため攻撃者から狙われやすいのです。

　WordPress では独自のプラグイン機能を開発することができます。たとえば、SEO 機能を提供するプラグイン「WordPress SEO」「Google Analytics by Yoast」や、スマートフォン向けのインターフェースを提供するプラグイン「WPTouch」、カレンダー機能を提供するプラグイン「My Calendar」など、種類も豊富で利用者にとっても便利に活用できます。

　一方、WordPressのプラグイン開発用の公式ドキュメントの記載が不明確であることが指摘されており、その結果として危険性が高い方法でプラグインを設計開発してしまうケースも見受けられます。開発したプラグインに脆弱性が残っていたり、攻撃者から発見されてしまった場合、そこが攻撃のターゲットになってしまいます。

　なお、上記のプラグインには過去に脆弱性が見つかっており、アップデートしないで利用している場合はクロスサイトスクリプティング攻撃（次ページ）を受ける可能性があるため注意が必要です。

KEYWORD

プラグイン

　ソフトウェアに機能を追加するための小さなプログラム。WordPressはシステムの柔軟性を担保するために、ユーザがプラグインを追加することでカスタマイズしやすいように設計されている。

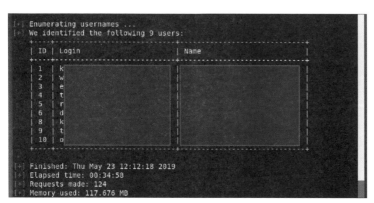

図6-2-2 初期設定のままの利用でログインIDが外部から丸見えになっている例

【主な侵入経路・原因】

●クロスサイトスクリプティング
●SQLインジェクション

【被害】

●マルウェア感染
●パソコンのボット化、遠隔操作
●機密情報や重要情報、個人情報などの漏えい
●インターネットバンキングの不正送金被害
●身代金ウイルス感染

【対策】

●WordPress本体およびプラグインのバージョンを常に最新状態にする
●WordPressのバージョンを非表示にする
●ログインID、およびパスワードを複雑化する
●ログイン時に画像認証（CAPCHA）を追加する
●ログインを二段階認証にする
●管理画面のログインURLを変更する（デフォルトでは〜/wp-admin/）
●IPアドレス制限をかけ、指定されたIPアドレス以外からのアクセスを禁止する
●セキュリティプラグインを導入する(「SiteGuard WP Plugin」等)

 脅威 クロスサイトスクリプティング //////////////////////////

　クロスサイトスクリプティング（XSS）は、Web サイトに悪意のあるプログラム（スクリプト）を埋め込み、閲覧者が入力した情報を意図しない別の Web サイトに送信します。ブログや掲示板、アンケートサイトやサイト内検索など、利用者が情報を入力し、その入力結果を表示させる Web サイトに脆弱性が残っている場合、悪意を持ったプログラム（スクリプト）が埋め込まれてしまい、偽サイトなどに誘導されます。

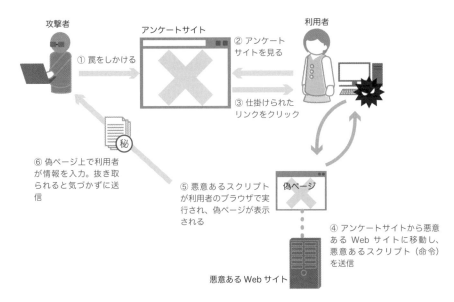

図6-2-3 クロスサイトスクリプティングによる攻撃例

以下のような手口で攻撃を仕掛けます。

- 攻撃者がアンケートサイトなど、個人情報を入力・送信する Web サイトに罠を仕掛ける
- 利用者がアンケートサイトを閲覧
- 仕掛けられたリンクをクリック
- アンケートサイトから悪意ある Web サイトに移動し、悪意あるスクリプト（命令）を送信
- 悪意あるスクリプトが利用者のブラウザで実行され、偽ページが表示される
- 偽サイトと気づかずに利用者がデータを入力・送信

【主な侵入経路・原因】

- 脆弱性のあるWebサイト、ブログサイト、オンラインゲームサイト、掲示板など

【被害】

- ●マルウェア感染
- ●パソコンのボット化、遠隔操作
- ●機密情報や重要情報、個人情報などの漏えい
- ●金銭被害（仮想通貨など）
- ●インターネットバンキングの不正送金被害
- ●身代金ウイルス感染

 脅威　SQLインジェクション

　Webサイトと連動しているデータベースの脆弱性をつき、データベースを直接的に不正操作する攻撃のこと。SQLとは「Structured Query Language」の略で、リレーショナルデータベースの操作を行うための言語の一種です。データベースを操作する際に、SQLが認識できる文（SQL文）で問い合わせを行うのですが、その構文上の欠陥をつき、データベース上のデータを抜き取る方法です。

　たとえば、SQL文で「SELECT ＊ FROM user WHERE id='nasu'」と表記すると、ユーザ名 'nasu' に関する情報をデータベース上で検索し、結果を返します。

　これを「SELECT ＊ FROM user WHERE id='nasu' or 'A'='A'」という表記に変えると「' or 'A'='A'」という部分が「すべて」を意味する構文になってしまうため、データベース上にあるすべてのユーザ情報を結果として返すことになります。本来、正常である構文に、意図的に悪意ある構文を差し込む（インジェクション）することで、データベース情報を入手する方法です。

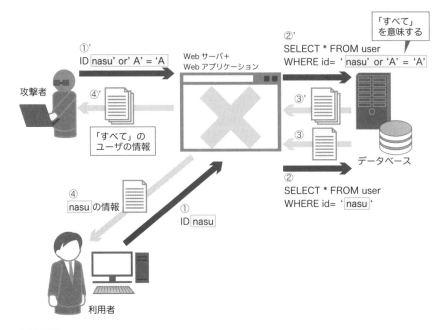

図6-2-4 SQLインジェクションの仕組み

【主な侵入経路・原因】

●脆弱性のあるWebサイト、ブログサイト、オンラインゲームサイト、掲示板など

【被害】

●マルウェア感染
●パソコンのボット化、遠隔操作
●機密情報や重要情報、個人情報などの漏えい
●金銭被害（仮想通貨など）
●インターネットバンキングの不正送金被害
●身代金ウイルス感染

ボット（bot）

コンピュータ端末を外部から遠隔操作するために用いられる、バックドア型の不正プログラム。外部の攻撃者がロボットのように自由に端末を操ることができることから「ボット」と呼ばれるようになった。

脅威 OSコマンドインジェクション ///////////////////////////

OS には、文字列を入力してアプリケーションなどの実行や削除などをする「コマンド」という機能が存在します。「コマンド入力」の方法については、3 章の「自分のパソコンのネットワーク設定情報をコマンドを使って確認する」（104 ページ）の項目で確認しましたが、これを攻撃に悪用する方法です。Web サイト利用者が住所やメールアドレスなど、何らかの情報を入力するページに設定上の不備があり、入力情報をそのまま受け入れてしまう脆弱性がある場合、Web サイト運営側では意図していないコマンドをも受け入れ、結果として Web サイトの改ざんや情報漏えいなどに繋がってしまいます。

【主な侵入経路・原因】

●Webサーバ上でOSコマンドを呼び出す設定を用いており、かつ設定に不備（脆弱性）が残っている場合

【対策】

●マルウェア感染
●サイトのボット化、遠隔操作
●サイト内情報の改ざんや破壊
●機密情報や重要情報、個人情報などの漏えい

脅威 クリック・ジャッキング ////////////////////////////////

Web サイト利用者がクリックする「場所」を乗っとる（ジャッキング）攻撃手法。Web サイトのページに透明なページを被せることで、一見する

と自分が見たい Web サイトを閲覧しているようですが、実は攻撃者が用意した透明なページにアクセスしていることになり、結果として Web サイト閲覧者の意図しない行動を招いてしまうという攻撃手法です。Web サイトを閲覧している際、次に進もうと思って Web サイト上にある「次へ」ボタンをクリックしたはずなのに、身に覚えがない悪意ある Web サイトに飛ばされてしまった場合は、Web サイトがクリック・ジャッキングによる攻撃を仕掛けられている可能性が考えられます。危険な Web サイトに飛ばされた場合は、ウイルス感染、不正送金被害、ランサムウェアによる情報破壊など、さまざまな攻撃に応用されてしまうため、被害も大きくなることが想定されます。

【主な侵入経路・原因】

● WebサイトのHTTPレスポンスヘッダ（サイトの問い合わせ：HTTPリクエストに対する応答：HTTPレスポンス時に掲載される情報）に「X-Frame-Options: SAMEORIGIN」が設定されていない

【被害】

● 悪意のあるWebサイトへの誘導
● クリックにより意図しない承認操作（商品購入など）
● マルウェア感染
● Webサイトのボット化、遠隔操作
● Webサイト内情報の改ざんや破壊
● 機密情報や重要情報、個人情報などの漏えい

【対策】

● レスポンスヘッダに「X-Frame-Options: SAMEORIGIN」の設定項目を追加する

【Webサイトのセキュリティ全体についての対策】

　Web サイトにはさまざまなリスクが内包されているにも関わらず、特に中小企業ではセキュリティ対策がほとんど行われていないケースが多くあります。Web サイトの構築を Web 制作会社などに委託している場合が多いこと、PC やスマホ、社内ネットワークのセキュリティと異なり、外部（レンタルサーバなど）で運用されていることが多く手が届きにくいこと、セキュ

リティ対策の難易度が高いため、自社で対応することが難しいことなど、さまざまな理由が考えられます。だからといって放っておいて良いわけではなく、適切な対策が必要となります。現に突然 Web サイトが乗っ取られるなどの被害に遭遇した場合に、依頼元と Web 制作会社間で揉めてしまうといったトラブルも起こっています。自社で対策が難しい場合は、専門の業者に対応を任せることも検討する必要があるでしょう。以下のようなことを確認してください。

CHECK!

- ☐ 自社のWebサイトをSSL化する
- ☐ クロスサイトスクリプティングやSQLインジェクションなど、基本的なセキュリティ対策を行う
- ☐ ユーザ固有の情報が蓄積されているデータベースを持つWebサイト（会員サイトなど）を運営している場合、脆弱性テストの実施やWAF（Web Application Firewall）の導入を必須とする
- ☐ WordPressを利用している場合は、最低限本書の記載内容を実装する（219ページ）
- ☐ Web制作会社に外部委託している場合は依頼元として「Webセキュリティ実装」を依頼する
- ☐ IPA（情報処理推進機構）が提供している「安全なウェブサイトの作り方」に目を通す。内容が理解できない場合は、自社で取り組むのは難しいため、Webセキュリティを実装できる専門家に対応を依頼する

COLUMN

セキュリティ対策を行っているCMSを活用しよう

　Webサイトの脆弱性対策は、技術的な要素が多く含まれるため、初心者には難易度が高く、自社だけで対策するのは難しいかもしれません。専門家に対策を依頼するのがベストですが、コストが高くなってしまう可能性があります。また、セキュリティ対策はバージョンアップなどの継続的なサポートが必要です。難易度の高いWebセキュリティは、セキュリティ対策そのものが実装されているサービスを活用するのも一つの手です。

図6-2-5 セキュリティ対策が標準搭載されているCMSの例（株式会社アントアント secure-cms）

https://secure-cms.com/

[6-3]

不注意が引き起こす脅威

コンピュータを取り扱うのは人間です。人間ですから、自らの不注意や間違い、うっかりミスなどによって重要なデータを喪失してしまう可能性があります。ミスは起こさないのがベストですが、万が一起こしてしまった場合にでもリカバーできるような仕組みを整えましょう。

 脅威 操作ミスによるデータ喪失 ////////////////////////////

　機密情報、重要情報などを誤って削除。バックアップしていない場合はデータが喪失します。ネットワーク上の共有ファイルサーバに、適切なアクセス権限をかけていなかった結果、誤ってデータを削除するケースもあります。

【主な侵入経路・原因】

●データを取り扱う本人による操作ミス
●ある人物によるデータ削除（故意、ミスなど）

【被害】

●データ喪失
●データ復旧費用などの金銭的被害

【事例】お客様から預かっていた重要な情報を誤って削除

　従業員 20 名程度の印刷会社。お客様から急ぎの仕事で印刷物一式を預かった。納期は明後日 10 時まで。数十万枚の印刷が必要になる仕事を引き受けた。他の仕事も同時並行で行っていたが、何とかぎりぎりで印刷の目処がついた。ようやく前工程の印刷物が終了し、いざ仕事に取り掛かろうとデータの保存先のフォルダを開くと……データがない！

どうやら重要なデータを間違えて消してしまったらしい。誰でもアクセスできる状態にしており、誰が消したのかはわからない。お客様に電話をしてデータを再納品してもらおうにも、お客様は業務時間外。結局印刷は間に合わず、クレームに。そのお客様からの仕事が激減した。

【対策】

お客様から預かった重要なデータのバックアップを取らずに、一つの保存先のみに格納しているのが問題です。また「誰でもアクセス」できる状態にしており、ファイルのアクセス権限を適切に割り当てていなかった点にも問題があります。アクセスログを取得していない場合は、誰が問題を起こしたのかもわからずじまいです。納期がタイトとはいえ、データの喪失がなければ問題は発生しませんでした。以下の点を見直しましょう。

CHECK!

- □バックアップによる二重化
- □アクセス権の適切な付与
- □アクセスログ管理
- □クラウドストレージ上に保存

 脅威 遺失・紛失 //

小さくて持ち運びが便利な USB メモリやノート PC を何らかの理由により遺失・紛失。

【主な侵入経路・原因】

●データを取り扱う本人の気の緩み
●重要情報を取り扱うことの無理解
●酒酔いなどによる理性の喪失

【被害】

●データ喪失
●機密情報・重要情報の漏えい

【事例】自宅で仕事をしようとして、USBメモリに保存した個人情報を落とした

　従業員6名の介護事業を営んでいる経営者。自宅で入居者情報の整理をしようとしてUSBメモリにデータを保存してズボンのポケットに入れ持ち帰った。自宅に到着して仕事をしようとポケットを探ってみたが……USBメモリが見当たらない！　そこには入居者の特徴やクセ、好きなものや注意点などを事細かに記載したデータが入っていた。それだけではない。家族構成や入居者との関係、資産家か否かなど、きわめてデリケートな情報が明記されていた。自分がしてしまったことの重要性に気づき、警察に紛失届けを提出するも、3ヶ月経った今でもUSBメモリは見つからない。

【対策】

　情報価値の無理解から引き起こした事故といえます。「ちょっとのことだから」「自分だけは大丈夫だろう」という安易な気持ちで重要情報を持ち出してしまう。紛失してから情報の重要性に気づくのでは遅すぎるのです。このケースの場合、その後の被害状況は報告されていません。しかしながら、データが悪用され入居者の家族に攻撃の手が向けられる可能性も十分にありえます。自社が保有する情報価値の高さを認識しなくてはなりません。持ち出したUSBメモリに暗号化処理などが施されておらず、生データのまま持ち出したのもNGです。万が一のことを考え、USBメモリには暗号化したデータを保存する、保存したデータが自動的に暗号化されるUSBメモリを利用するなどの配慮が必要です。

CHECK!

- □情報価値の再認識
- □持ち出しデータの暗号化
- □暗号化機能つきUSBメモリの利用

【事例】PCが入ったカバンを紛失

　情報システムを法人に提案している、30代後半の売れる営業マン。ノートパソコンにあらゆるデータを保存している。営業活動で利用する顧客リストには、顧客の特徴、会える時間、顧客の会社での位置づけ、アプローチの方法などがズラリと記載されている。本日は3千万円クラスのシステム案件を無事に受注。意気揚々と帰社し、気分がよかったため後輩数名を連れて飲みに行った。自慢話で饒舌になり、ウィスキーをストレートで飲みすぎた。前日、徹夜で提案書を書き上げたこともあり、予想以上に酔いが回った。

　二日酔いで目覚めると、自宅にいた。どうやって家に帰ったのかも覚えていない。頭がガンガンと痛い状況で身支度をして会社に向かうときに違和感を覚えた。あれ？　カバンがない……顔から血の気が引くのがわかった。どこかで落としたようだが、まったく記憶にない。カバンには、あらゆるデータを保存していたノートパソコンが入っていた。自分の営業活動にとって重要なデータを紛失しただけでは済まされない。顧客情報や機密情報がごっそり保存されているパソコンをなくしてしまった。

【対策】

　一時的な気の緩みが引き起こした、人的な事故です。業務上、ノートパソコンを持ち歩いての業務が必須となる営業マンやコンサルタント、システムエンジニアなどは特に気をつけなくてはなりません。特に電車が主な移動手段である首都圏や関西圏などでは、電車への置き忘れなどによる紛失リスクが常に付きまといます。万が一情報漏えいを起こした場合にどのような企業リスクがあるのか、個人的にどのような制裁を受けることになるのかといった責任についても明確にし、従業員に周知徹底することが肝要です。飲み会に行くときはノートパソコンを絶対に持ち歩かない、ノートパソコンにはデータを保存しない、容易に推測できないパスワードをかける、ハードディスクに暗号化処理を施す、ハードディスクが物理的に抜き取られてもデータが流出されないようにするなど、人的な教育と技術的安全対策の両面での対策が重要になります。

□教育の徹底（紛失リスク、ノートPC持ち出しルールの策定）
□クラウド上へのデータ保存
□ハードディスクの暗号化
□容易に推測できないパスワードの設定

 脅威 故障 //

パソコンや NAS（ネットワーク上のストレージ）内の記憶媒体（ハードディスク、メモリなど）の破損、故障などによるデータ喪失。

【主な侵入経路・原因】

●落下、衝撃などによる物理的破損、破壊
●経年劣化による故障
●落雷による故障

【被害】

●データ喪失
●データ復旧費用などの金銭的被害

【事例】ハードディスクの中に入っていたデータを喪失

ノートパソコン1台ですべての業務をこなしている個人経営者。顧客データや、財務データ、業務データなどもノートパソコン1台で管理。何となくパソコンの動作が遅くなった気がしたり、突然ブルースクリーンになって再起動したことはあった。別段気にも留めていなかったが、悲劇は突然やってきた。ハードディスクの故障で、パソコンが起動しなくなってしまった。バックアップの重要性は認識していたが、忙しさにかまけて対応を怠ったのが失敗だった。データ復旧会社に問い合わせて、何とかデータを復旧してもらったが、復旧費用として50万円の損失をこうむった。

【対策】

ハードディスクは消耗品です。スピンドルモーターを使って常に高速回転しているため、使い続けていると稼動部分が老朽化します。ハードディスクはいずれ故障することを念頭に置き、バックアップを忘れないようにしましょう。ハードディスクの故障の前に、「ブルースクリーン」や「動作が急に遅くなる」「カタカタ音が鳴る」といった症状が発生する場合は故障の予兆である可能性があります。このような症状が出ている場合は、早急にバックアップを行いましょう。また、ハードディスクの点検も定期的に行いましょう。

Windows 10の場合

エクスプローラで［デバイスとドライブ］を表示し、チェックしたいハードディスクアイコンを右クリックして［プロパティ］を選択します。［Windows のプロパティ］の［ツール］タブを開き、エラーチェックや最適化を行います。

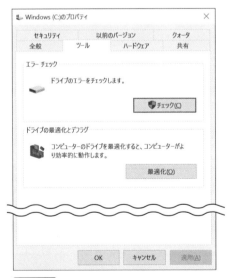

図6-3-1 ハードディスクのエラーチェックや最適化を行う

Macの場合

［Finder］→［アプリケーション］→［ユーティリティ］→［ディスクユーティリティ］→［First Aid］にてディスクチェックを行うことができます。

図6-3-2 First Aidでディスクチェックを行い、エラーがあれば修復

CHECK!

□自動バックアップ
□予兆確認（ブルースクリーン、異音、動きが遅くなるなど）
□イベントビューア確認

【事例】落雷によるNASの故障でデータを喪失

　街中から少し外れた、山の中に土木事務所を構える中小企業。天候が悪く、雷雨を伴う状態だったために社員全員早めの帰宅。事務所近辺は夜中に何度か雷が落ちていたようだった。朝出社すると、パソコンは立ち上がるもののインターネットはつながらない。設計図面情報を共有していた NAS のフォルダへのアクセスを試みたが、エラー表示が出てアクセスできない。落雷によって、RAID 5 構成を組んでいた NAS が故障してしまったようだった

【対策】

　山間部に事務所を構える企業で、特に注意が必要なのは落雷による過電流が原因のコンピュータ機器破損です。電源の故障のみならず、RAID 構成を

組んでいるハードディスクがすべて故障するケースも見受けられます。USBで接続しているHDDにバックアップを取っていたり、NASを2台使って同期しながらバックアップを取っていたとしても、落雷ですべての機器が故障する可能性があります。落雷などの過電流対策は「UPS（無停電電源装置）」の導入が効果的です。また、バックアップデータをクラウド上に保存すれば、落雷のみならず洪水や地震などの自然災害が発生したとしても、継続的に業務利用が可能になります（これを事業継続計画（BCP）対策ともいいます）。中小企業では、会社と社長の自宅間にインターネットVPNを張ってそれぞれにNASを配置した上で、データのバックアップを相互にやり取りするケースも見受けられます。これも、データの物理的な保管場所を分散させるという点では有効な手段です。

CHECK!

□UPS（無停電電源装置）
□クラウドバックアップ
□ネットワークバックアップ（社長の自宅にデータ保管）

 脅威 メール誤送信 //

　メーラに登録されているメールアドレスが自動で表示されたことに気づかず、本来送信すべきではない、似たようなメールアドレスにファイルを添付してメールを送信。誤って送信してしまうことによる情報漏えい。電子メールによる一斉送信の際に、ToやCCでメールを送信してしまうことで複数の人のメールアドレスを流出させてしまう。

【被害】

●機密情報などの漏えい
●メールアドレスの大量流出

　メール誤送信による情報漏えいや、メールアドレスの大量流出は、人為的な不注意による個人情報漏えいとして取り上げられることが多いトラブルです。メールの添付ファイルを暗号化し、パスワードを別途送付する方法などを利用しているケースもありますが、そもそもメールアドレスが間違っている場合はパスワードも誤ったメールアドレス宛に送付されるため、情報漏えい対策とはならないので注意が必要です。

　電子メールの一斉配信によるメールアドレス情報の流出についても、メールの送信時に BCC に設定することでメールアドレスを流出させないようにできますが、人為的な操作によってうっかり To や CC で送ってしまう可能性もあります。以下の内容を確認の上、誤送信が起こらないようにしましょう。

CHECK!

- □ メール送付時に宛先に間違いがないかもう一度確認する／アドレス確認ツールを利用する
- □ メール送付後、誤りに気づいた時にキャンセルできるよう「保留機能」を利用する
- □ メールの一斉送信が必要な場合は、第三者によるチェックを行う
- □ メールの一斉送信では必ずBCCにてメールを送付する。人為的なミスが起こらないようにするために「一斉送信ツール」などを利用する
- □ メールにデータを添付しない。法人向けクラウドストレージなどを利用し、特定メンバーのみが閲覧できるURLを添付する。誤送信に気づいた時は、クラウドストレージ上からデータを削除するなどの仕組みを利用する

 脅威 廃棄PCからの情報漏えい //////////////////////////////

何年も利用していた PC のスペック不足や故障などによって廃棄する際に、ハードディスクの中身を完全消去せずに売却や廃棄をしてしまった際に発生する情報漏えい。廃棄業社に依頼していたにも関わらず、データを完全消去しないまま大量の中古 HDD が売りに出され、問題になった事件も発生しました。

【被害】

●HDD 内に保存されていたデータの大量流出
●機密情報やメールアドレスなどの流出

【対策】

　ハードディスクには大量のデータが保存されており、データの中身を
Windows の「ごみ箱」などに捨てたとしても、ディスク内にはデータとし
てそのまま残っています。PC を廃棄する場合は確実に HDD の中身を削除
するようにしましょう。廃棄を業者に依頼する場合も、依頼先がどのように
PC を破棄するのか、具体的な方法について確認するようにしてください。

CHECK!

□データを完全に消去するソフトウェアやハードウェア（消去装置）を利用する
□廃棄PCからハードディスクを取り外し、物理的な破壊（穴を開けるなど）を行う
□業者に依頼する場合は、廃棄の具体的方法を確認の上、廃棄証明を取得する

脅威　シャドーIT

　会社や情報システム部門などが把握していないクラウドサービスや私物端
末などが業務で利用されていることの総称。会社から実態が見えない、とい
う意味で「シャドー（影）の IT（機器およびツール）」と呼ばれます。会社
で許可していないクラウドストレージや Web メールなどにデータを保存し、
自宅の PC で仕事ができる状況が勝手に作られると、その社員の退職時に大
量の情報が流出してしまう、などの問題が発生します。

【被害】

●会社が認識しない状況での情報漏えい
●機密情報や重要情報の流出

【対策】

　便利なクラウドサービスが数多く登場しており、社員全員の利用状況を確認することが難しくなってきました。しかしながら、そのまま放置しておくと会社の重要情報が漏えいしてしまう可能性があります。システム上でのコントロールや可視化と、ルールの整備を同時に行う必要があります。

CHECK!

□会社が指定したクラウドサービスや端末以外の利用を禁止にするなどルールを定める

□指定された端末以外の社内ネットワークアクセスを禁止にする

□PCの利用実態の可視化や、インターネットアクセスの可視化を行う

□UTMの「アプリケーションコントロール機能」などを用いて不要なアプリケーションの利用を禁止にする

[6-4]

人の心理を突いた攻撃

サイバー攻撃は日々進化しています。技術的な進化のみならず、人の行動パターンや、心理を突いた攻撃もますます巧妙化しています。このような攻撃手法が存在することを事前に知っておくことで、未然に被害を防げることもあります。

 脅威 ソーシャルエンジニアリング /////////////////////

　人間の行動心理の隙や裏をつき、情報を盗み取る手法です。具体的には、盗み見、盗み聞き、会話といった社会的（ソーシャル）な行動を通じてパスワードなどの機密情報を盗みます。また、興味・関心を持つような広告などを表示して人を惹きつけ、詐欺サイトなどに誘導し、不正プログラムやウイルスをダウンロードさせたり、品物を購入させたりします。

【主な侵入経路・原因】

●盗み見、盗み聞き
●関係者を装った電話、電子メール、ハガキなど
●ショルダーハッキング（肩越しから情報を覗く）
●捨てた紙ごみ経由（トラッシング）
●偽ブランドサイト、格安広告経由の誘導

【被害】

●機密情報や重要情報の漏えい
●ID・パスワード情報の漏えい
●金銭被害（偽サイトなどでの品物購入詐欺）

【事例】買い物サイトで詐欺被害

　従業員 20 名程度の自動車整備業。業務に使う自動車関連のパーツが必要になり、Yahoo! の検索画面にキーワードを入力。とあるパーツ購入 Web サイトに行き着いた。通常よりも 30%〜 40%程度安い。価格に納得し、欲しい商品を 1 つ選び、クレジットカード番号を入力し「購入」ボタンをクリック。商品ページに「お買い上げありがとうございました」と表示された。商品購入を示すメールを見て驚いた。支払い金額が 8 万円を超えていたのだ。詳細を見ると、1 つ 9 千円程度の商品。確かに 1 つしか購入していなかったはずなのに、同じ商品を 9 個購入したことになっている。数量を間違えた覚えはない。すぐに支払い間違いを伝えようとして Web サイト上に戻り、電話番号を調べようとしたが、掲載されていない。到着したメールに返信しても、なしのつぶて。

【対策】

　買い物サイトによる詐欺被害では、その Web サイトが詐欺なのか否かを見抜くのが難しいケースがあります。大手買い物サイトを偽装した Web サイトなども存在しています。

　今回の場合は、Yahoo! 検索で上位表示された Web サイトであったことに加え、Web サイトの作りも別段おかしいと感じず、かつ価格の安さに釣られて疑うことなく購入に進んでしまいました。

　クレジットカードでの決済処理が済んでしまったあとに詐欺被害に遭ったことに気がついたとしても、カード会社によっては被害が補償されないケースもあります。インターネットでクレジットカード決済を利用する場合は、カードの補償条件などを確認しましょう。残念ながら、詐欺サイトであるか否かを目視で識別するには限界があります。最近では、インターネット上の Web サイトをスコア（得点化）し、危険性が高いサイトと判断されるものであればサイト閲覧を自動的に拒否してくれる識別機能（Web レピュテーション／レピュテーションセキュリティ）を保有しているウイルス対策ソフトや、UTM のようなゲートウェイアプライアンスも登場しています。こういったものを利用するのも効果的です。また、万が一被害に遭遇した場合、国民生活センターや警察など、公的機関に相談を持ちかけてください。

□クレジットカード会社に補償条件を事前確認
□レピュテーション機能を持つウイルス対策ソフトやUTMなどの利用
□被害に遭遇した場合は以下の対応を実施する
　□クレジットカード会社にすぐ連絡。顛末を伝え、カード停止を依頼する
　□警察にすぐ連絡。被害届を出す
　□国民生活センターにすぐ連絡。対策の指示を仰ぐ

脅威　ショルダーハッキング

PC を利用しているところを肩越しに覗き見て ID やパスワード、資料情報やメールアドレスなどを盗み取る方法。ノート PC 1 台でどこでも仕事ができるようになり、特にカフェや公共交通機関など、外出先で仕事をする際は注意が必要です。

【対策】

コワーキングスペースを利用したり、テレワークを積極的に活用するなど、柔軟な働き方が許可されている会社ほど注意が必要です。集中して仕事をしていると、周囲から端末が見られている状況に気づきにくいもの。ID とパスワードを入力する際は周囲を見回す、覗き見防止フィルタなどを利用して、肩越しに覗き見されても情報が閲覧されない状況を作るなど、一層の配慮を心がけてください。

脅威　なりすまし（スプーフィング）

他人の ID やパスワードを盗用し、その人のふりをしてネットワーク上で活動をしたり、メールの送信元や宛先の名前を偽り、関係者だと思わせてメールの開封を促したり（メールスプーフィング）、IP アドレスを偽装してサーバへの不正侵入を試みる手口です（IP アドレススプーフィング）。

【主な侵入経路・原因】

- ●ソーシャルエンジニアリングの利用
- ●電子メール（メールスプーフィング）
- ●インターネットからの攻撃（IPアドレススプーフィング）
- ●マルウェアなどの感染によるID・パスワードの盗用

【被害】

- ●なりすました本人しかアクセスできない情報に接続する
- ●なりすました本人しか知りえない機密情報を盗み出す
- ●なりすました本人を騙って電子メールを送る
- ●本人になりすましてサービスを利用する（オンラインゲーム、SNS、LINEなど）
- ●なりすまされた側のセキュリティ対策がずさんな場合、本人が損害責任を問われるケースもある

【事例】LINEのID乗っ取り

　人気のスマホアプリ「LINE」の乗っ取り被害です。友人や家族になりすました第三者からメッセージが送られてきて携帯番号を聞かれ、続いて認証番号（PIN コード）まで聞かれてそのまま伝えてしまいアカウントが乗っ取られる事件、同じく友人などになりすました相手からコンビニでプリペイドカードの購入を促され、カードに記載された認証番号を写真撮影の上、送付するように促されるなどです。最近ではコミュニケーションツールとして、業務上のやり取りでも LINE が使われるケースも見受けられます。特に、「何かを教える」「金銭が絡む」事項は、テキストメッセージだけでやり取りせず、必ず本人に電話で確認するなど、利用上のルール設定が必須です。

　この場合の予防策としては「LINE アプリにロックをかける」「パスワードを頻繁に変える」「パスコードロックをかける」「他端末ログイン許可をオフにする」などを設定しましょう。

　「LINE」に限らず、利用者の多いサービスやアプリは、攻撃者にとって格好のターゲットになります。常に狙われる可能性を考慮した上で、適切な対策を心がけてください。

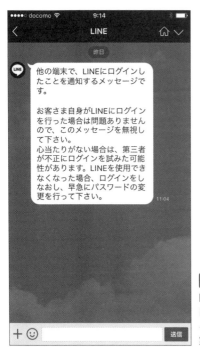

図6-4-1

LINEでは、現在使用している端末とは別の端末から
ログインすると、このようなメッセージが送られてく
る。別の端末からログインした心当たりがない場合は
第三者がなりすましてログインしている可能性がある

 脅威 企業恐喝 //

　機密情報や重要情報を何らかの方法で搾取し、情報流出をネタに物理的に
脅しをかける手口です。

【主な侵入経路・原因】

- ソーシャルエンジニアリングの利用
- 関係者や利用者を装い、一般公開されている電子メールアドレスにメール送付
- 電話による直接アプローチ

【被害】

- 機密情報や重要情報、個人情報などの漏えい
- 心理的恐怖
- 金銭的被害

【事例】 情報漏えいをネタにした恐喝

　年商 12 億円、大手メーカーから仕事を受託している製造業。先代から引き継いだばかりの二代目が経営している。受託先から新製品の設計図面情報や生産計画情報などを預かり、パソコン上に保管している。ある日、社長宛に一本の電話がかかってきた。「おたくは○○社から仕事をもらっていると思うが、おたくから図面情報や生産計画情報が漏れていることを知っていますか？　現に今、私の手元にある。この件で話があるから、○○ホテルのロビーで○○日の○時に待っています」。

　指定された時間、場所に 1 人で赴くと、ダークスーツに身を包んだ、40代後半とおぼしき男性 2 人が座っていた。

「先日電話を受けた株式会社○○の○○です」と恐る恐る声をかけると、目の前のソファーに座るように促された。眼光の鋭い男が、黙ってカバンからノートパソコンを取り出す。そこには、受託先から預かった設計図面情報が映っていた。

「新製品情報なのでくれぐれもデータの管理には気をつけるように」と受託先からいわれていた情報が、そこにはあった。「この情報はおたくが○○社から預かっている情報で間違いないですね？」　言葉は丁寧だが、威圧感がある。「なぜ私の手元にあるか、わかりますか？」　まったく身に覚えがない。「おたくの情報システムは脆いですね。何も（セキュリティ）対策をしていないから、カンタンに入手できましたよ」　どうやら情報を盗まれたらしい。

　頭が真っ白になり、パニックに陥った。「このパソコンにある情報は、間違いなくあなたの会社から漏れた情報です。このことを取引先の○○社に伝えたらどうなりますか？」　取引停止による「倒産」の文字が脳裏をかすめた。

　男は続ける。「○○新聞に匿名で伝えてもいい。あなたの会社は大変なことになりますね。倒産するかもしれない」　どうすれば情報を返してもらえるかを聞いた。男は答えた。「穏便にコトを済ませたいという、あなたの気持ちはよくわかった。では、1 千万円で手を打とう。現金と引き換えに、このデータを引き渡します。このことを誰かに伝えたらどうなるか、覚悟してください」

　指定期日に間に合うように現金 1 千万円を用意した。資金繰りが厳しくなるが、何とか目処は立っている。ノートパソコンに入っているデータを USBメモリで引き渡してもらい、その場でパソコンからデータが消去されるのを確認。最悪の事態を免れ、ほっと胸をなでおろした。

数ヵ月後に、電話が鳴った。「おたくの会社から情報が漏れているのだが……」

同じ手口で電話がかってきたのだ。情報は簡単に複製することができる、という事実を忘れていた。

【対策】

情報流出をネタに脅しをかける、反社会的組織による企業恐喝の典型的な手口です。法制度の強化による縛りが厳しくなっている中、組織活動が制限された反社会的組織がサイバー攻撃に加担して中小企業に脅しをかけてくるケースです。身代金ウイルスとは異なり、加害者が電話などで直接的にコンタクトを取ろうとします。このようなやり取りに慣れていない二代目経営者などが被害に遭いやすい傾向があります。情報漏えいの経路は標的型攻撃メールの送付による遠隔操作、内部の社員による情報流出、USB メモリなどの紛失による情報漏えい、ドライブ・バイ・ダウンロード攻撃による Web サイト経由での情報漏えいなど、多岐に渡ります。

万が一、このような問題が発生してしまった場合、絶対に一人で解決しようとしてはいけません。必ず警察などに相談したり、セキュリティ関連の専門家や弁護士等に相談に乗ってもらってください。

CHECK!

□不要なJavaの削除、もしくは最新状態へのアップデート
□Flashを最新状態へアップデート
□OSを最新状態へアップデート
□ウイルス対策ソフトのパターンファイル最新化
□UTM（統合脅威管理）の導入
□機密情報へのアクセス権の設定
□警察などの公的機関への相談
□弁護士などの専門家への相談

脅威 ワンクリック詐欺 //

Webサイトや電子メールに掲載されている情報を一度クリックしただけ
で、サービスへの加入や契約の成立を宣言され、金銭の支払いを促される詐
欺の総称。アダルトサイトや出会い系サイトを装った内容であることが多く、
近年ではスマホによるワンクリック詐欺被害が増加しています。

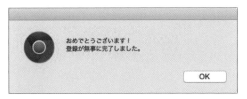

図6-4-2 ワンクリック詐欺サイトの例。リンクをクリックするとこのようなメッセージ
が表示され、自分のIPアドレス、プロバイダ情報などが表示されることもある

【主な侵入経路・原因】

●電子メール（PC、携帯、スマホ）
●Webサイト（アダルト・出会い系サイトなど）
●Webサイト（スマホサイト）広告

【被害】

●金銭被害

 脅威 SMSメール詐欺 ///

Amazonなどの通販サイトやDocomoなどの通信キャリア、佐川急便な
どの宅配業者になりすまし、スマホのショートメッセージ（SMS）を送りつ
けます。偽サイトなどに誘導し、住所や氏名、クレジットカード番号などの
入力を促して情報を奪ったり、悪用されたりします。

図6-4-3 SMS（ショートメッセージサービス）に届いた詐欺メール（左）。URLをクリックするとIDやパスワード、クレジットカード番号の入力が促され、知らずに入力すると情報が奪われ悪用されたり、不正アプリをインストールされ、遠隔操作により端末内の設定情報や登録されている個人情報などが奪われる（右）

【対策】

　一見すると実在する企業から送られてきたメールのように見えます。クリックして表示される内容は、本物の企業サイトと酷似しているため、思わず入力してしまうかもしれません。新型コロナウイルスの流行に伴い、通販サイトなどからの買い物が増えたことに便乗して宅配業者を装ったSMS詐欺メールも増加しました。このような事象が横行している、ということを知らないと被害に遭遇してしまう可能性が高まります。容易にURLをクリックしてはいけません。特にIDやパスワード、クレジットカードの入力が促される場合はほとんどの場合詐欺であると認識の上、入力をしないことが重要。

7章

スマホ／タブレット利用時の
セキュリティ対策

社員にスマホやタブレットを支給する企業が増えてきまし
た。こういった端末は手軽に利用できる一方で、紛失や盗
難、情報漏えいなどのセキュリティリスクが常につきまと
います。この章では、今後ますます利用価値が高まるスマ
ホ／タブレット利用時のセキュリティ被害と対策について
整理していきます。

[7-1]
スマホ／タブレット利用時の被害例と対策

まずはスマホ／タブレットの活用とともに増えている被害例を見ていきます。サイバー攻撃は、そのターゲットを「パソコンやサーバ」から「スマホ」へと徐々に拡大しているのです。

 事例 広告を1回タップで高額請求 /////////////////////////

　最近スマホを使い始めた50代の男性。スマホのサイトで興味のある記事を読んでいる時、画面下側に表示されたメッセージが広告だとは気づかずに、ついそのメッセージをタップした。動画サイトに誘導され、年齢認証確認を促される。つい出来心で「Yes」ボタンをタップした瞬間「カシャ」という音が鳴った。同時に、「ご登録ありがとうございました」というメッセージとともに、会員番号と利用請求金額9万円、振り込み銀行口座が表示された。「自分の顔写真が撮られたかもしれない。今すぐ登録していない旨を伝えないと」慌てた男性は「電話窓口」と書かれたボタンをタップ。繋がった電話の向こう側では男性が「あなたの居場所はわかっている。顔写真も撮影した。すでに会員登録されているので今すぐお金を振り込んでください」と無機質に返答があった。騙されたことはわかっていたが、恥ずかしくて誰にも相談できずに、いわれるがままに指定口座に振り込んだ。被害はそれだけではない。次から次へとショートメールが届いたり、身に覚えのない着信履歴が多く残るようになった。

　対応に限界を感じて消費生活センターに連絡をすると、「最近増えている新手の詐欺です」と、対処方法を教えてくれた。

【原因】

　スマホ利用者の無知と羞恥心につけこみ、金銭を要求する「ワンクリック」詐欺。写真撮影のシャッター音は、ブラウザ上で音声として再生されているだけで実際に撮影されているわけではありません。バイブレーション機能を利用して、スマホをブルブルと振動させるケースも報告されており、あたかも「自分の写真が撮られてしまった」と利用者に信じ込ませ、不安をあおり金銭搾取に及ぶのです。

　アダルトサイトにアクセスしてしまったという羞恥心から、事が公になるのを恐れ、一人で何とか解決しようと金銭を支払ってしまうケースもあるようです。アダルトサイトの閲覧で被害に遭うケースも見受けられますが、スマホの画面下部などに表示される広告サイトから、ワンクリック詐欺サイトへ誘導されるケースもあり、一概に利用者の行動に問題があるとはいえないケースも散見されます。広告サイトからの誘導のみならず、メール（スパムメール）や、SNS などに記載された URL をクリックすることで詐欺サイトに誘導されるケースもあります。

　このような詐欺があることを知り、興味を引くような内容であったとしても、出所不明の Web サイトへは不用意にアクセスしない、怪しいメールは開かない、SNS に掲載されている URL や画像は安易に開かない、怪しい Web サイトに誘導されても年齢認証は行わないなど、行動に気をつけてください。また、Web サイトの年齢確認や利用規約の同意を求められても安易に「はい」ボタンを押さず、必ず利用規約の内容を確認してください。特に利用料金が明記されている場合などは注意が必要です。

 事例 ## スマホアプリで個人情報が抜き取られる //////////

「携帯電話の圏外表示で困ったことはありませんか？　このアプリをインストールすると、電波の状況を自動的に改善できます」　スマホに届いた 1 通のメール。内容に疑問を持つことなく、メールに記載されているリンク先をタップした。

　アプリのアクセス許可が求められる。内容を読むことなく「同意してダウンロード」をタップ。スマホにダウンロードされた「.apk」という拡張子のついたアプリをインストールし、起動してみた。

初期設定を促され、そのまま待ち状態が続いた後に、「お使いの端末は未対応のためご利用できません」と表示された。なんだ、この端末は使えないのか。何事もなかったかのように、普段の生活に戻っていった。実はこのアプリ、**スマホに登録されている個人情報（携帯番号、メールアドレス、氏名など）を盗み取る、悪質アプリ**だった。

　このアプリをダウンロードして以来、出会い系メールやアダルトメールなどの迷惑メールが増えてしまったことに本人は気づいていない。ある日、友人から「最近、迷惑メールが増えて困っている」という話を聞いた。自分の端末の電話帳に登録されている友人の個人情報（メールアドレスなど）を流出させてしまったのが自分であり、迷惑メールに悩んでいる原因が自分にあるとは夢にも思っていない。

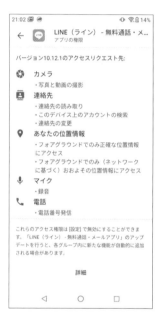

図7-1-1 例として、Google Playでアプリをダウンロードする際は必ず「アプリの権限」を確認し、アプリがどのような項目にアクセス許可を求めているのかを確認しておこう

【原因】

　有料・無料を問わず、世の中に多く出回っているスマホアプリ。インストールも手軽で簡単。気軽にダウンロードできるため、利用者側の警戒心が薄らいでしまうようです。スマホは「持ち歩ける小型パソコン」であるという

認識をしなくてはいけません。特に Android スマホを利用している場合は注意が必要なのですが、アプリのほとんどは端末内にある情報に対する「アクセス許可」を求めてきます。不正アプリの場合、利用者本人の電話番号や SIM 情報、あるいは電話帳に格納されている友人などの個人情報を入手することが目的であるケースが多く見受けられます。たとえばアプリが求めてくるアクセス許可には、以下のようなものがあります。

・スマホ情報（端末識別番号、SIM 情報）
・自分の情報（電話番号、位置情報、おサイフケータイの場合は決済や履歴情報）
・他人の情報（電話帳に記載されている名前や住所、電話番号など登録されているすべての情報。法人利用の場合は、顧客の企業情報や個人情報なども含む）
・ID・パスワード（ブラウザに登録された Facebook、Twitter、Google アカウント情報など）
・ネットワーク通信（インターネットを介して情報を送受信することを許可する）
・SMS メッセージの送信（SMS メッセージの送信をアプリに許可する）

　本人が知らない間にこのような情報がインターネットを介してやり取りされているのです。

　そして、これらの重要な情報が悪質業者の手に渡ってしまうと、友人知人を詐欺被害に巻き込んでしまう可能性があるのです。必ず、アプリに許可する権限を確認するようにしてください。

　今回の事例では、メール経由でアプリのインストールに誘導されたケースをお話ししましたが、メールに限らず、Facebook、Twitter などの SNS や、ブラウザやアプリに表示される広告にも注意が必要です。

　また、公式ストア（Android なら Google Play、iPhone、iPad なら App Store）以外からのアプリダウンロードはお勧めできません。非公式のストアは情報抜き取りを目的とした不正アプリを容易に公開・配布可能であるため、不正アプリの温床になっている可能性があるためです。なお、iPhone、iPad では App Store 以外からのアプリインストールは行えないようになっています。そのため、Android 端末よりも不正アプリがインストールされる

可能性は低いといえます。

とはいえ、Google Play や App Store で不正アプリが見つかっているのも事実。特に Google Play では、不正アプリの件数が激増していますので、Android 端末を業務用途で利用する場合には、業務で利用するアプリ以外はインストールしないなど注意が必要です。

 事例 スマホを紛失し個人情報が漏えい ///////////////////

　出張が多く、公共交通機関での移動が多いビジネスマン。移動中にパソコンで仕事をして、スマホでもメールや気になる記事のチェックを怠らない。次のアポ先に電話をかけようと、スマホをいつも入れているズボンのポケットから取り出そうとしてみたが……ない。スマホの中には友人の情報だけではなく、クライアントの名前や電話番号、住所なども入っている。クライアントとの打ち合わせで、ホワイトボードに書いた重要情報も、写真撮影してスマホに残したままだ。業務上で使う機密データを保存した microSD カードも入っている。「情報漏えい」という言葉が頭をかすめ、事の重要性に気づいた。どこで落としたのかは皆目検討がつかない。道端、交通機関、直前に訪問したクライアントのところにもなく、最寄の交番で紛失届けを出した。警官の話では、スマホになってから紛失する人が増えており、落としたスマホが新しいものであればあるほど高値で買い取りされるため、戻ってこない可能性が高いそう。

　結局、スマホは戻ってこなかった。スマホを紛失したこと、重要情報を保存していたこと、情報漏えいの可能性があることを会社に報告し、始末書を書いた。

【原因】

　スマホの利用で特に気をつけなくてはいけないことが、紛失・盗難による情報流出です。外出先でのテーブルやトイレなどへ置き忘れによる紛失、カバンやポケットからの落下による紛失など、どこでも、誰にでも起こりえます。

　いうまでもなくスマホの中には多くの個人情報が格納されています。また、スマホに重要情報を保存している場合、紛失しただけで甚大な被害を及

ぼすことも考えられます。スマホの格納場所を決めておき、常にチェックすることを心がけましょう。意外に思うかもしれませんが、**もっとも簡単で有効な対策はスマホに大き目のストラップをつけること**です。首からぶら下げるタイプなど、身体に固定するストラップであればなお有効です（iPhoneなど一部の機種ではストラップが付けづらいものもありますが）。そして、パスワードによるデバイスのロック（利用者認証）は必須です。SIM（UIM/USIM）カードにPINコードによるロックをかけることで、SIMカードの不正利用を防ぐことができます。このほかにも多くの対策が取れるので、次ページ以降を参照のうえ、取り組んでください。

KEYWORD

PINコード

　USIMカード（スマホに入っているICカード。この中に電話番号や利用者の情報などが格納されている）に設定されている4桁の暗証番号のことで、「PIN1コード（スマホの無断使用を防止するために設定する暗証番号）」「PIN2コード（USIMカードに保存されているデータを変更する際に使う暗証番号）」の2種類がある。

COLUMN

BYOD

　社員の私物スマホやタブレット端末などを企業に持ち込んで業務利用を許可することを「BYOD（Bring Your Own Device）」といいます。スマホ利用者が増えていること、クラウドの利用拡大による情報閲覧の容易さ、外出先からのメールチェックにより業務効率化につながるなどの理由でBYODを許可している企業も増えてきました。中小企業でも、スマホ利用に抵抗がない若い経営者や、新しいことに抵抗がなく、業務の効率化を求める経営者がいる会社を中心に利用が拡大しています。利便性が高まる一方で、注意すべきはセキュリティリスクです。私物スマホの盗難や紛失による情報漏えいや、簡単に情報を持ち出せることによる情報流出リスクなどが懸念されています。アドレス帳やカレンダーアプリなどに仕事とプライベート両方の連絡先が混在するなど、思わぬ情報漏えいにつながる可能性があるため、しっかりとルール作りを行うことが重要です。

スマホ／タブレット利用時の被害例と対策

[7-2]
スマホ／タブレットを
ビジネス活用する際の注意点

スマホやタブレットをビジネス活用するのは、もはや当然といえる時代に入りました。一方、利便性の高さと相反してリスクが常につきまといます。ここでは、スマホ／タブレットをビジネス活用する際の注意点を整理します。

基本 「携帯電話」ではなく「小型パソコン」という認識を持つ

まず、大前提として認識してほしいのは、スマホは「携帯電話」ではなく、「携帯電話機能がついた、持ち運びが容易な小型のパソコン」である、ということです。業務用のパソコンでは当たり前に取り組んでいるようなセキュリティ対策――パスワードの設定、ウイルス対策ソフトの導入、OSのバージョンを最新状態にする、怪しいWebサイトにアクセスしない、スパムメールを開かない、不必要なアプリケーションをダウンロードして利用しないなどをスマホに置き換えるのです。さらにスマホには、連絡先などの重要情報が多数格納されており、それらを虎視眈々と狙っている悪意のある人間がさまざまな手法を用いて情報を抜き取ろうとしていることを忘れてはいけません。

基本 紛失・盗難などによる情報漏えいに気をつける

151ページでも取り上げましたが、紛失・盗難は誰にでも起こりえます。スマホをビジネスで活用する際には、これらが発生するという前提で対策を練らなくてはなりません。

□スマホの格納場所を決めておき、常に有無をチェックする

□スマホに大き目のストラップやアクセサリーをつける

□パスワードによるデバイスのロック（利用者認証）

□SIM（UIM/USIM）カードのPINコードによるロック

□遠隔でのロックやデータの強制消去サービスの利用

□紛失場所を特定するための位置情報サービスの利用

□データの暗号化

□SDカードなどには重要なデータを保存しない

□データ紛失リスクに備えたクラウドバックアップを利用する

 基本 機密情報・重要情報をクラウドに保存する場合の注意点

Dropbox や Google Drive など、インターネット上で簡単に利用でき、パソコン内のデータと同期が取れるクラウドストレージ。スマホやタブレットでも利用でき、非常に便利です。その一方で、スマホの紛失や盗難が起こった場合に、情報漏えいの原因となってしまうリスクをはらんでいます。もっとも安全なのは、機密情報や重要情報はクラウド上のストレージなどに保存しないことです。紛失してしまったスマホ経由での情報漏えいを防ぐことができ、安全性が高まります。

一方、火災や地震、津波などの自然災害発生時に、ローカル環境のみに保存していたデータを喪失してしまう、というリスクに対する BCP（事業継続計画）も考慮しなくてはいけません。その結果、必然的にクラウド上にデータをバックアップするケースも考えられます。その場合、クラウド上に保存する機密情報へはスマホ・タブレットからはアクセスできないようにする、**アクセス時には毎回認証が必要な設定にする**などのセキュリティ上の対策が必要になります。

基本　不要なアプリケーションはインストールしない ///////////

　会社で支給するスマホの場合、業務上で利用するアプリケーション以外は
インストールしないのがベストです。特に Android 端末の場合は、不正ア
プリが横行しているため、注意が必要です。攻撃が心理戦になっており、人
の興味・関心を引くような情報がメールや SMS などで届く時代であること
を認識した上で、信頼できる情報ソース以外からのアプリケーションのダウ
ンロードは絶対に行わないようにしましょう。

　また、このような問題が起こりえることを従業員に定期的に教育、啓蒙す
ることも有効です。安易にスマホアプリをインストールした結果、どのよう
な被害が起こる可能性があるのか、企業のみならず、個人にとってもどのよ
うなリスクがあるのか、事例を通じてわかりやすく伝えることも重要です。

 基本　スマホをUSBメモリ代わりに使わない /////////////

　パソコンの USB 端子にスマホを接続すると、パソコン上で自動的にスト
レージデバイスとして認識されます。USB メモリ代わりに利用できるため、
いざというときのデータの持ち運びも可能です。スマホに SD カードを挿入
している場合は、利用できるデータ容量も大きくなるため、動画など容量が
大きいデータも簡単に持ち運べます。大量のデータを簡単に持ち運べる、と
いうことは紛失・盗難が起こったときの情報漏えいリスクが高まることを示
しています。2014 年 7 月に発生した、大手教育関連企業の情報漏えい事件は、
従業員が個人情報をスマホ経由で持ち出したことによって発生しました。機
密情報が入っているパソコンやサーバにアクセス制限をかけることはもちろ
んですが、そもそもスマホを USB メモリの代わりに使わないようにしまし
ょう。

基本　パソコンのUSB端子で充電しない //////////////////

スマホのバッテリーの消耗度が激しく、ずっと使い続けているとすぐに充電
が切れてしまい 1 日も持たない、といったことはスマホユーザであれば一
度は経験しているもの。スマホを電源ケーブルにつないだままで常に充電し

ながら利用を続けるケースも。パソコンの USB 端子にスマホを接続すると充電が可能であるため、パソコンを電源代わりに利用しているケースも見受けられます。

　この際に気をつけなくてはいけないのが、「スマホ経由でのパソコンへのウイルス感染」と「パソコン経由でのスマホへのウイルス感染」の 2 つです。USB メモリからのウイルス感染と同様に、スマホのメモリにウイルスが混入してしまった場合、パソコンへのウイルス被害が考えられます。同様に、パソコンがウイルスに感染している状況で知らずにスマホを接続してしまい、感染が拡大するケースも考えられます。

　このような被害を防止するために、社内規定で罰則を強化している企業も出てきています。たとえば、私物のスマホを会社のパソコンに接続したことで社内にウイルスを拡散させてしまった場合に個人に賠償責任を負わせるなどのルールを決めて社員に徹底しているのです。管理者が随時、パソコンにスマホを接続していないかチェックするなど、体制を強化しているケースもあります。

　物理的に USB 端子が利用できないようにロックをかけているケースもあります（148 ページ参照）。

　いずれにしても、スマホ利用におけるルール上の取り決めも含め、管理者によるチェック機能の強化、スマホの充電には電源コンセントで給電する、補助バッテリーを利用するなどの取り決めが必要です。

COLUMN

電子タバコからウイルス感染？

　USB 端子に接続するあらゆるデバイスがサイバー攻撃のターゲットとして狙われていることをご存知でしょうか？　たとえば中国製の電子タバコ。ある企業の役員がパソコンの USB 経由で電子タバコの充電をしていたところ、マルウェア感染。ウイルス感染の原因として、インターネット経由の感染が考えられなかったため、電子タバコを調査してみるとマルウェアプログラムが仕掛けられていたことが判明したそうです。USB 経由でのマルウェア感染被害は今後も起こりえます。USB 端子には信頼のおける機器を接続したいものです。

パソコン側で情報漏えい対策を実施する

　スマホ側での対策も必要ですが、パソコンやサーバなど、会社にある情報端末に個人情報や機密情報などの重要情報が入っている場合は、パソコン側でセキュリティ対策を行うのがベストです。

　スマホをパソコンに接続した際、以下のような接続方式によってデータの送受信が可能になります。

- ・MSC（Mass Storage Class：Android 3.0 以前）
  USB 大容量ストレージ。スマホを外部ストレージのように利用するモード。MSC 接続時は、Android 端末側から内部メモリを読み書きすることはできない。
- ・MTP（Media Transfer Protocol：Android 3.1 以降）
  メディア転送プロトコル。スマホをネットワークドライブのように利用するモード。MTP 接続時に、メモリを無効化する必要がなく Android 端末側からメモリを読み書きすることができる。
- ・PTP（Picture Transfer Protocol）
  画像転送プロトコル。カメラアプリで画像をやり取りしたり、パソコン上でカメラの通信制御を行うことができる。
- ・USB デバッグ
  「システム」→「開発者向けオプション」内に存在するモード。「USB 接続時はデバッグモードにする」が「ON」になっている場合、パソコンと Android 間の通信が行えてしまう。

　これらの通信を制御するもっとも有効な手段は、IT 資産管理ツールを導入することです。

　IT 資産管理ツールとは、組織内で利活用するハードウェア（パソコン、サーバ、スマホなど）ならびにソフトウェア（OS、オフィスソフト、画像処理ソフト、ウイルス対策ソフトなど）の IT 資産を一元管理するための専用ツールです。ハードウェアであれば CPU やメモリ容量などのスペック情報やネットワーク構成情報、ソフトウェアであれば OS の種類や購入ライセンスの状況やバージョン情報などを一覧表示できるツールです。

　その機能の 1 つにタブレットやスマホからの情報漏えい対策機能を備えて

いるものがあります。MSC や MTP、PTP、USB デバッグなど、スマホで利用可能な各種データ転送機能をロックすることが可能なものもあります。私物の USB メモリやスマホの接続は利用不可、会社で支給する USB メモリやスマホは利用可能といった対応もできます（276 ページ）。

スマホ／タブレットをビジネス活用する際の注意点

[7-3]
スマホ／タブレットの
セキュリティ対策

スマホ／タブレットをビジネスに活用する際は、セキュリティリスクが常につきまとうことを理解する必要があります。ここではスマホ／タブレットユーザが実施すべき基本的な対策について、具体的な設定方法をみていきます。

 基本 OSを最新状態にアップデートする（iPhone、Android）

OS を最新状態にアップデートすることで、スマホで使える新機能の追加、操作性の向上やセキュリティの強化などが期待できます。

iPhoneの場合：

iPhone は、OS の最新アップデート情報がある場合、端末画面に「OS のアップデートがある」旨のメッセージが表示されます。アップデートをする場合は、Wi-Fi でインターネットに接続した上で［設定］→［一般］→［ソフトウェアアップデート］の順にタップします。

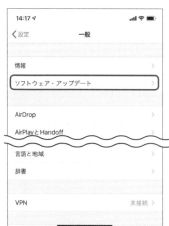

図7-3-1
［ソフトウェア・アップデート］をタップし、画面の指示に従ってアップデートを行う

Androidの場合：

　Androidの場合は、OSのアップデート情報がある場合、通知バーで確認することができます。または、［設定］→［端末情報］→［システムアップデート（ソフトウェア更新）］をタップします。

図7-3-2

［システムアップデート（ソフトウェア更新）］をタップして画面の指示に従ってアップデートを行う

　更新情報がある場合、アップデートの指示に従うだけで自動的にアップデートが始まります。iPhoneと同様に、Wi-Fi環境でインストールする、電源ケーブルに接続するなどの準備を整えてからインストールを始めるようにするとよいでしょう。

 基本 ウイルス対策ソフトを必ず導入する（iPhone、Android）

　スマホはパソコンで使えるあらゆる機能が片手で利用できる「携帯型パソコン」です。パソコンにウイルス対策ソフトを導入するのと同じく、スマホにも必ずウイルス対策ソフトを導入してください。

信頼のおけるメーカーが提供しているセキュリティ対策ソフトの例

- ・ノートン モバイルセキュリティ
- ・トレンドマイクロ ウイルスバスターモバイル
- ・AVAST Mobile Security & Antivirus
- ・Avira Antivirus Security
- ・McAfee Antivirus & Security
- ・Sophos Free Antivirus and Security

※いずれも公式サイト等からダウンロードしてください。

 基本 パスワードを設定する（iPhone、Android）

　スマホの紛失時における情報漏えいの第一次対策は、スマホにパスワード
を設定することです。面倒くさいという理由でパスワードを設定していない
ケースも見受けられますが、業務で利用している場合は必ずパスワードを設
定しましょう。

iPhoneの場合：

　［設定］→［Face ID とパスコード］（Touch ID 対応機種では［Touch ID と
パスコード］）から設定します。

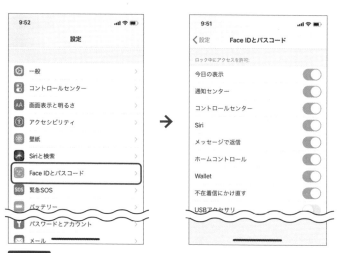

図7-3-3　［Face IDとパスコード］から設定する。Face IDは顔認証機能で、iPhone X以降に
搭載されている

Androidの場合:

［設定］→［セキュリティ］→［画面のロック］から各種ロックの設定を行います。

図7-3-4 ［画面のロック］からパスワードやパターンなど、ロックの形式を設定できる

COLUMN

データ消去機能をオンにする

iPhoneには情報漏えいを防ぐ強力な機能として「データを消去」というものがあります。［Face IDとパスコード］項目で設定できます。パスコードの入力に10回失敗するとiPhoneのデータがすべて消去されます。顧客情報の漏えい防止などに役立ちますので、ビジネスで使用する場合にはこれをオンにすることを強くお勧めします。ただし自分自身で設定したパスコードを忘れないように！

 実践 紛失時に遠隔ロック・遠隔削除できるようにする

万が一の紛失時には、スマホ内の情報閲覧ができないように「遠隔ロック」するのがベストです。個人情報や重要情報が漏えいしないように、最悪の場合に「遠隔削除」できるようにしておくこともセキュリティ対策としては有効です。

iPhoneの場合：

iPhone の場合は、パソコン側と iPhone 側の両方で設定が必要です。まずは、iPhone で「iPhone を探す」機能および「位置情報サービス」をオンにします。

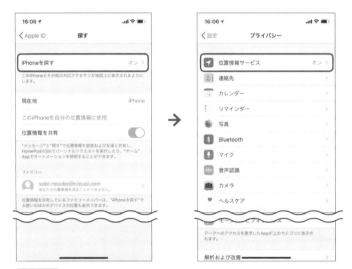

図7-3-5　［iPhoneを探す］は、［設定］→（アカウント名）→［探す］→［iPhoneを探す］からオンに、［位置情報サービス］は［設定］→［プライバシー］→［位置情報サービス］をオンにする

続いて、実際に遠隔ロックする方法です。パソコンなど、遠隔でロックするための端末を利用して以下の手順に従ってください。

図7-3-6　「https://www.icloud.com/」にアクセスし、Apple IDとパスワードを入力しサインインする

図7-3-7

[iPhoneを探す] をクリック

図7-3-8

地図上にiPhoneの現在位置が表示される。
●をクリックして表示される「i」マークを
クリック

図7-3-9 [紛失モード] をクリック。iPhoneにパスワードを設定している場合はパスワードを
入力。iPhone取得者に連絡してもらうための電話番号を入力して [次へ] をクリック

図7-3-10

必要に応じてメッセージを入力（落とした
iPhone上にメッセージが表示される）し、
[完了] をクリック

図7-3-11
iPhoneはロックされ、このようなメッセージと連絡先
の電話番号が表示される

　遠隔削除も同様の手続きで可能です。「i」マークをクリック後、図7-3-9
の画面で「iPhoneの消去」を選択すると、中身を消去することができます。
ただし、一度消去してしまうと位置情報が検出できなくなります。

Androidの場合：

　まずはAndroid端末で「設定」→「セキュリティ」→「デバイスを探す」
をONにします。

　続いて、実際に遠隔ロックする方法です。パソコンなどで「https://www.
google.com/android/devicemanager」へアクセスし、端末に登録した
Googleアカウントでログインします。それから次のように操作します。

図7-3-12 端末が表示されたら、［ロック／データ消去をセットアップ］をクリック
（セットアップ済みの場合は［ロック］をクリック）

図7-3-13
新しいパスワードなどを設定し
[ロック]をクリック

図7-3-14
Android端末がロックされる

遠隔削除も同様の手続きで可能です。図7-3-12の画面で「消去」を選択すると、中身を消去することができます。ただし、一度消去してしまうと位置情報の検出ができなくなりますので注意が必要です。

COLUMN

カメラの位置情報はオフにする

カメラの位置情報をオンにしておくと、写真を撮影した場所の情報が画像ファイルに付与されてしまうため、撮影場所が特定されてしまう可能性があります。撮影した場所が自宅であれば、写真から自宅の場所などを特定されたり、現在位置情報がわかってしまうというリスクもはらんでいます。位置情報を特定されたくなければカメラの位置情報はオフにしましょう。これは、FacebookやTwitterなどのSNS系アプリでも同様のことがいえます。セキュリティリスクを低減するために、オフに設定しておくことをお勧めします。

実践 ブラウザの履歴、
および履歴として残るID・パスワードは削除する

　スマホの紛失時にブラウザの履歴やブラウザ上に残ったID やパスワード
情報が漏れてしまうと、被害が拡大する恐れがあります。ブラウザの履歴、
および ID・パスワードはこまめに削除するようにしましょう。ここでは代
表的な「Safari」「Chrome」「Android 標準ブラウザ」について説明します。

Safari（iPhone）の場合：

　［設定］→［Safari］→［履歴と Web サイトデータを消去］をタップします。

図7-3-15

［履歴とWebサイトデータを消去］
をタップして消去操作を行う

おさえておきたい、Safariのセキュリティ機能

　Safari には、セキュリティに配慮したさまざまな機能が搭載されています。
一つ一つの機能を知り、適切に設定を行うことでセキュリティ対策が強化さ
れますので、参考にしてください。

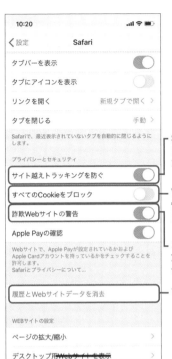

Safari ではサイトの閲覧履歴が追跡されており、その傾向によって表示される広告が変わる。オンにすると閲覧履歴が追跡されないようになる

Web サイト上で入力した ID やパスワードの履歴（Cookie 情報）を残さないようにする。セキュリティを高める場合は［すべてをブロック］をタップする

オンにすると、詐欺 Web サイトやなりすましサイトなど、危険性の高い詐欺サイトに誘導された場合に、Safari が警告を出してくれる

Web サイトの履歴などを削除することができる

Google Chrome（iPhone、Android）の場合：

Google Chrome でも履歴やパスワードを消去できます。次のように操作します。なお、ここでは iOS 版のバージョン 84.0.4147.71 を使っていますが、お使いのバージョンによって異なる場合があります。

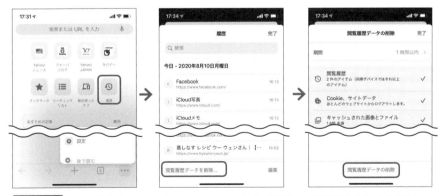

図7-3-16 履歴を消去するには、Chromeメニューから［履歴］→［閲覧履歴データを削除］→［閲覧履歴データの削除］をタップ。Android版では［閲覧履歴データを消去する］画面で［クリア］をタップする。このとき、保存したパスワードなども消去できる

<figure>
図7-3-17 保存されたパスワードを消去するには、Chromeメニューから［設定］→［パスワード］をタップ。表示された画面で［編集］をタップして、パスワードを削除したいURLにチェックを付けて［削除］をタップ
</figure>

実践　キャッシュ／Cookieを削除する ///////////////

　ブラウザ内に蓄積されている「キャッシュ」や「Cookie」を削除することでセキュリティを高めることができます。いずれも、Web サイトの閲覧履歴や入力情報などが保存されているため、プライバシーにかかわる個人情報といえます。

iPhone（Safari）の場合：

　270 ページの図 7-3-15 の操作でキャッシュや Cookie を削除できます。

Google Chromeの場合：

　Chrome メニューから「設定」→「プライバシー」→「閲覧履歴データの削除」をクリックして、「Cookie、サイトデータ」並びに「キャッシュされた画像とファイル」にチェックを入れて「閲覧履歴データの削除」を選択します。

KEYWORD

キャッシュ

Webサイトの閲覧情報を一時的に保管してある場所のこと。ブラウザごとに保管されており、一度読み込んでおけば次回同じWebサイトにアクセスしたときに表示が素早くなるといったメリットがある。

KEYWORD

Cookie

Webサイトへのアクセス履歴や訪問回数、入力情報などを保存してあるファイルのこと。

実践 コントロールセンターの「ロック画面」をオフに（iPhone）

iPhone で、画面を右上から下にスワイプすると、コントロールセンターが表示されます。これは端末がロックされていても表示されるため、パスコードが不要な状態で機内モードをオンにすることもできてしまいます。こうなると「iPhone を探す」が使えなくなり、場所の特定やデータの削除などができなくなります。そこで端末ロック中にコントロールセンターが利用できないようにオフにします。

 →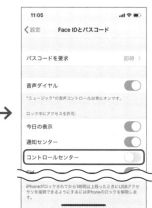

図7-3-18 ロック画面でもコントロールセンターが表示される。これをオフにするには「設定」
→「Face IDとパスコード」→「コントロールセンター」をオフにする

基本 端末を暗号化・外部SDカードを暗号化する（Android）

　Android 内のデータや、SD カードを暗号化することで、紛失や盗難が発生したときにパスワード（PIN コード）を知らなければデータを閲覧できない設定にすることも可能です。電源を ON にするたびに、端末データを復号化するためのパスワードが要求されますが、強力なセキュリティ対策として有効です。

　端末の暗号化の設定は、［設定］→［セキュリティ］→［端末の暗号化］から行います。

　また、外部 SD カードの暗号化は、［設定］→［セキュリティ］→［外部SD カードの暗号化］から行います。

 基本 提供元不明のアプリを
インストールしない設定にする（Android）

　Google Play で認証されたアプリ以外をインストールしないようにすることで、不正アプリのインストールを減らすことができます。Android の端末やバージョンによって確認方法は異なりますが、以下の例ではアプリケーションごとに利用可否を確認、判断するものとなっています。

図7-3-19

「設定」→「アプリと通知」→「特別なアプリとアクセス」→「不明なアプリのインストール」内にて、アプリケーションごとに許可／拒否をおこなう

基本 セキュリティ対策ツールを導入する //////////

　ビジネスで利用する際に、セキュリティリスクの低減につながる、あるいは便利に利用することができるセキュリティ対策ツールを紹介します。

携帯キャリア各社のサービス

　携帯キャリア各社が提供しているサービスは、セキュリティ対策を高める上で非常に有効な対策の1つです。各社各様のセキュリティサービスを提供していますが、ウイルス対策、不正アプリ対策、個人情報漏えい対策など、基本的なセキュリティ対策は網羅されています。

- ・ドコモ　あんしんセキュリティ（NTTドコモ提供）
  https://www.nttdocomo.co.jp/service/anshin_security/

- ・au 安心ネットセキュリティ（KDDI 提供）
  https://www.au.com/internet/service/auonenet/internetservice/anshin-security/

- ・ソフトバンク　スマートフォンセキュリティパック（Soft Bank 提供）
  https://www.softbank.jp/mobile/service/security-pack/smartphone/

無料で遠隔ロックが可能なツールを利用する

　統合資産管理ツールを提供している有名なメーカー、MOTEX 社が提供している機能限定版のスマホ紛失対策ツール。リモートロック、リポートワイプ（端末の初期化）、パスワードポリシーの一括設定などが可能です。

図7-3-20

LanScope An Free

https://www.lanscope.jp/an/free/

スマホ経由での情報漏えいを防止する

　スマホとパソコン間のデータ転送方式には、MTP、MSC、PTP モードがある旨を前項にて説明しましたが、これ以外にもアプリケーション開発者向けの「USB デバッグモード」経由で情報が漏えいする可能性も否めません。RUNEXY の Device Lock は、USB デバッグモード経由での情報漏えい対策にまで配慮しているため、よりセキュリティを強化したい場合にお勧めです。

図7-3-21

DeviceLock

http://devicelock.jp/

MTP、MSC、PTPモードのみならず、デバッグモード経由での情報漏えいまで防止する機能を搭載しており、スマホ経由での情報漏えい対策に強いのが特徴。会社が許可したスマホやUSBメモリ以外の端末（例：私物のスマホやUSBメモリ、デジタルカメラなど）経由での情報漏えいを防ぐ機能も搭載されている

スマホのサイバーセキュリティ対策を強化する

　スマホを狙った不正プログラム（マルウェアなど）を誤ってインストールしないための事前検知やスマホが持つプログラムの脆弱性（セキュリティホール）を突いた攻撃の防御、スマホがボット化してしまうことへの対策といった、エンドポイント（末端）に対するセキュリティ対策ツールは、今後必須のアイテムになりそうです。スマホのセキュリティ対策をより強化したい場合には、次のようなサービスの導入を検討しましょう。

図7-3-22

SandBlast Mobile

https://www.checkpoint.co.jp/products/
sandblast-mobile/

モバイル（スマホ／タブレットPCなど）端末に対するセキュリティ
対策商品。スマホ向けの不正プログラムやマルウェアの誤インス
トールの事前検知、脆弱性攻撃に対する防御、ボット化に対する対
策、それらの検知や傾向分析などが行える
（提供：チェック・ポイント・ソフトウェア・テクノロジーズ社）

7-3

スマホ／タブレットのセキュリティ対策

8章

マイナンバー制度と
セキュリティ対策

2015年10月よりスタートした「マイナンバー制度」。法人は、規模に関わらずすべての従業員からマイナンバーを収集し、2016年1月以降、「税」「社会保障」「災害対策」の3分野において、行政へマイナンバーを提供することが義務付けられました。さらに、2021年3月からは「健康保険証」としてのマイナンバーカードの利用が可能に。医療機関や薬局などで使うことができるようになり、ますます活用の幅が広がりそうです。収集したマイナンバーは秘匿性が高いため、情報漏えいが起きないように適切な安全管理措置を講じなくてはいけません。ここでは、マイナンバー制度において中小企業として押さえるべきセキュリティ対策について説明します。

［8-1］
マイナンバー制度の
概要をつかむ

マイナンバーとは、日本国内の全住民・法人に対して割り当てられる番号のことです。この制度は2015年10月に開始され、社会保障や税制度の効率性や透明性を高めるために利用されます。

 基本 マイナンバー制度の基本 //////////////////////////

　マイナンバー制度は、これまでバラバラに管理されていた個人情報を一元的に管理することで、社会保障や税負担の公正化を図り、それに関わる行政事務の効率化、ひいては国民の利便性を高めることを目的としています。はじめは**税、社会保障、災害対策**の３分野からスタートし、**医療、介護福祉、年金**のみならず、**クレジットカードの申し込み、株購入時の身元確認**など、民間分野も含めて活用範囲が順次拡大されていく予定です。

　マイナンバーカードは 2021 年 3 月以降、健康保険証としての利用が可能になります。医療機関や薬局で使えるようになり、マイナポータル（自分の情報を閲覧できる Web サイト）で、特定健診情報、薬剤情報、医療費情報などの閲覧が可能になります。確定申告時の医療費控除もできるようになり、「医療」と「社会保障」「税」を繋ぐ仕組みがいよいよ稼働します。

　マイナンバーは、**通知カード**により本人に通知され（新規配すでに廃止）、希望者は顔写真付きのマイナンバ者は顔写真付きの個人番号カードである**マイナンバーカード**の交付を受けること

　このようにきわめて重要な個人情報なので、その管理は厳重に行わなければなりません。**番号が記載された個人番号カードを紛失したり、Web サイトなどで公開すると、本人に関するあらゆる個人情報が漏えいする可能性があります。**なお、法人に付与される法人番号は、個人の場合と異なり、原則として公表されます。

[8-2]
企業のやるべきことと心構え

企業は、「税」「社会保障」に関連する手続きにマイナンバーを使用します。その際行うことは、従業員のマイナンバーの「収集」です。また、税務署に源泉徴収票や支払調書などを提出する際に、「従業員の名前」「従業員のマイナンバー」「法人企業に割り当てられたマイナンバー」を記載して「提出」しなくてはいけません。

基本 収集時に気をつけること ////////////////////////////////

　収集したマイナンバーは、情報漏えいが起こらないようにしっかりと**保管**しなくてはなりません。さらに、従業員の退職などにより社会保障や税に関連する事務処理が不要になり、所管法令に定められている保存期間を経過した場合はマイナンバーをできるだけ速やかに**破棄**、**削除**しなくてはなりません。

収集 〉 利用 〉 提供 〉 保管 〉 廃棄

図8-2-1 マイナンバーの取り扱いフェーズ

収集するマイナンバーとは

　企業として収集すべきマイナンバーは次のものがあります。

①全従業員（パートやアルバイトを含む）
②従業員の扶養親族（扶養親族手続きなどで利用）
③社外の依頼先（講演や原稿執筆の業務依頼で報酬が発生した場合のみ）

　収集対象はパートやアルバイトを含めた、全従業員のマイナンバーです。源泉徴収票や健康保険、厚生年金や雇用保険などの書類に記載の上、税務署

や健康保険組合、ハローワークなどに提出する書類へ明記する必要があります。

マイナンバーの収集方法① 個人番号カードがある場合

　収集方法にもルールがあります。マイナンバー取得時の本人確認では、**個人番号確認**と**身元確認**を行う必要があります。たとえば従業員が個人番号カードを持っている場合は、1枚のカードを確認するだけで済みます。裏面に記載されている「個人番号」と、表面に記載されている「身元（実在）確認」（顔写真、住所、氏名、生年月日など）を同時に確認できるためです。

マイナンバーの収集方法② 個人番号カードがない場合

　個人番号カードを持っていない場合は、**番号確認書類＋本人の身元確認書類**が必要です。番号確認書類としては住民票の写し（個人番号つき）、本人の身元確認書類としては**運転免許証**や**パスポート**など、番号の確認と身元の確認ができる2つの証明書類が必要になります。かつて、本人にマイナンバーを通知するために送付されてきた通知カードは廃止（令和2年5月25日に廃止）されたため、原則として番号確認書類としての利用ができなくなりました（ただし、特例として通知カードに記載されている住所や氏名などに変更がなければ、マイナンバーを証明する書類として利用可能）。個人番号については、一度でも従業員のマイナンバーを収集し、収集したマイナンバーをファイルなどに保管している場合、その番号で確認することも可能です。

　身元の確認については、雇用関係にあるなど身元が明らかな場合は、身元（実在）確認書類は不要です。

図8-2-2 個人番号カードがない場合

扶養親族のマイナンバー取得時の注意点

　従業員から扶養親族のマイナンバーを取得する際でも注意点があります。企業として扶養親族の本人確認が必要なケースがあるのです。

　たとえば、国民年金の第3号被保険者の届出などです。これは、従業員の配偶者（第3号被保険者）本人が会社に対して直接届け出を行う必要があるため、会社として直接配偶者の本人確認をする必要があるのです。通常は従業員が配偶者に代わって会社へ届け出をすることが想定されますが、その場合、従業員は配偶者の**代理人**としてマイナンバーを提供することになります。具体的には「代理権確認書類」＋「代理人の身元確認書類」＋「本人の番号確認書類」の3点を会社側に提出してもらう必要があります。「代理権確認書類」は戸籍謄本や委任状など、「代理人の身元確認書類」は代理人（この場合従業員本人）の個人番号カードや運転免許証など、「本人の番号確認書類」は本人（この場合は従業員の配偶者）の個人番号カードなどです。

マイナンバーを扱う主体

企業で預かったマイナンバーは、漏えいが起こらないように厳重に管理しなくてはなりません。そのため、マイナンバーを取り扱う人員を明確にする必要があります。まずは「マイナンバー取り扱い責任者」と「マイナンバー取り扱い担当者」を決めてください。一般的な企業ではマイナンバーの取り扱い責任者は「総務や経理担当役員や部門長」、取り扱い担当者は「総務や経理部門に所属する一般社員」となるケースが多いと考えられます。

🖊 COLUMN

扶養家族がいる場合の年末調整について

　年末調整の際には、従業員が会社に対してその扶養親族のマイナンバー提供を行うこととされています。そのため、従業員は個人番号関係事務実施者として、その扶養親族の本人確認を行う必要があります。この場合、事業主が扶養親族の本人確認を行う必要はありません。

従業員から収集したマイナンバーは、税務署や市区町村、年金事務所、健康保険組合といった各種行政機関へ提出する源泉徴収票や支払調書などの各種法定調書、健康保険、厚生年金、雇用保険の被保険者資格取得届などに明記する必要があります。

　それに伴い、提出用の帳票類にマイナンバーの記入枠が追加されています。

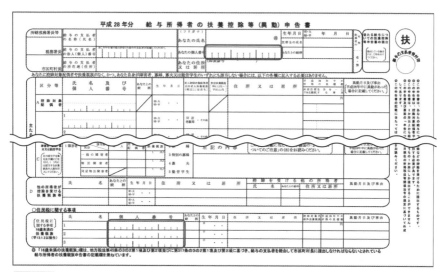

図8-2-3 法定調書に個人番号欄が追加された

　マイナンバーの利用範囲は、マイナンバー法により、社会保障、税および災害対策に関する事務に限定されています。たとえばマイナンバーを社員番号として利用したり、営業マンの社員コードとして利用することはできません。

マイナンバー法

　「行政手続における特定の個人を識別するための番号の利用等に関する法律」のこと。本書では便宜上「マイナンバー法」と表記。

基本 保管時に気をつけること //////////////////////////////

　従業員から収集したマイナンバーは、マイナンバー法の中で**特定個人情報**と定義されており、法人企業としては、情報漏えいが起こらないように厳重に「保管管理」すべき対象となります。企業として情報漏えい対策が必要なものは**紙**と**データ**です。

情報漏えい対策が必要なもの	具体的な事例
紙媒体	収集したマイナンバーのコピー用紙、各種保存が必要な税関連、社会保障関連の書類　など
データ	財務、給与計算システムに保管されているデータ　など

　たとえば、従業員の氏名とマイナンバーが記載されている源泉徴収票（紙）が手元にあるとします。食事休憩などで席を外す場合、これらの資料が机の上に放っておかれたままでは、マイナンバーの取り扱い担当者以外の従業員の目に触れる恐れが生じます。そのため、席を外すときには鍵のついたロッカーや机の中にしまうなど、物理的な配慮が必要になります（具体的な保管方法については「8-3　4つの安全管理措置」の「③物理的安全管理措置」で説明します）。

　給与計算システムなど、パソコンにマイナンバーを保存した場合は、次のような対策が必要です。

1. マイナンバーが表示された画面が周囲から見えないようにオフィスのレイアウトを変更する
2. パソコンの盗難防止のためにセキュリティワイヤーでパソコンを物理的にロックする
3. USBメモリ経由での情報漏えいを防ぐためにパソコンのUSB端子を使用不可にする
4. マイナンバーを取り扱う人以外はマイナンバーデータベースにアクセスできないようにIDおよびパスワードによって厳重に管理する
5. 外部からの不正侵入による情報漏えいを防ぐためにファイアウォールやウイルス対策ソフトを確実に導入する

　このように非常に多くの取り組むべき事項が発生します。

8-2

企業のやるべきことと心構え

漏えいした場合の罰則を知る

　また、マイナンバーは「個人情報保護法」が適用される個人情報よりも厳格な保護措置を求められる「特定個人情報」です。そのため、個人情報保護法より罰則規定が強化されています。マイナンバーを意図的に漏えいさせた場合は、法定刑の対象となる可能性があります。いずれにしても、マイナンバーを漏えいさせないように、個人情報の取り扱い以上に対策をする必要があります。

行為	法定刑
個人番号利用事務等に従事する者が、正当な理由なく特定個人情報ファイルを提供	4年以下の懲役 or 200万以下の罰金 or 併科
上記の者が、不正な利益を図る目的で、個人情報番号を提供または盗用	3年以下の懲役 or 150万以下の罰金 or 併科
情報提供ネットワークシステムの事務に従事する者が、情報提供ネットワークシステムに関する秘密の漏えいまたは盗用	同上
人を欺き、人に暴行を加え、人を脅迫し、または財物の窃取、施設への侵入などにより個人番号を取得	3年以下の懲役 or 150万以下の罰金

COLUMN

個人情報保護委員会

　稀にニュースなどで「公正取引委員会」が段ボール箱をたくさん抱えて、オフィスから出てくるシーンを見かけることがあります。公正取引委員会は、企業に対する監査権限を有しているため、場合によっては立ち入り検査を許可されているのです。「個人情報保護委員会」も、公正取引委員会と同様、監査権限を有している独立性の公的機関です。個人情報保護委員会は、マイナンバー法に基づき2014年1月1日に設置された、特定個人情報保護委員会を前身にしています。特定個人情報である「マイナンバー」を扱うのみならず、顧客情報などの「個人情報」に関する取り扱いに対する基本方針の策定や、事業者に対する助言、指導なども行います。情報漏えい事件が社会問題化した場合などには、個人情報保護委員会が監査権限を使って民間企業への監査を行うケースが生ずる可能性があります。問題が発覚する場合で多いのは、内部からのリーク情報です。管理がずさんであったり、まったく対応していない場合は、社内から委員会へのリークも起こり得ます。いずれにせよ、個人情報保護委員会が提示するガイドライン（特定個人情報の適切な取り扱いに関するガイドライン（事業者編））に従って、情報漏えいが起こらないような対策を図る必要があります。

マイナンバーを「破棄」するにも制限やルールがあります。ここまでに説明したようなマイナンバーを利用する必要がなくなり、所定の保存期間を経過した場合には、マイナンバーをできるだけ速やかに廃棄または削除しなければなりません。

保管書類	保管期間	根拠となる所轄法令
扶養控除申告書	7年	所得税法施行規則
厚生年金保険関係届出書類	退職、解雇、死亡から2年	厚生年金保険法施行規則
健康保険関係届出書類	退職、解雇、死亡から2年	健康保険法施行規則

　また、個人番号を破棄または削除した場合、削除したことを記録する必要があります。マイナンバーが記載されているファイルの種類や名称、時期、責任者、部署などのほか、消去や破棄の方法（溶解、焼却、シュレッダーなど）をノートやパソコンなどに記録しなくてはなりません。

削除記録例

・特定個人情報ファイルの種類・名称、時期、責任者、部署
・削除方法……溶解、焼却、シュレッダーなど

COLUMN

ワンカード化

　内閣府は、マイナンバーの推進ロードマップとして「ワンカード化の実現」を目指しています。「ワンカード化」とは、財布やカード入れにたくさん入っている、クレジットカードやポイントカードなどをマイナンバーの「個人番号カード」に集約し、効率化を図ろうとする考え方です。たとえば、タバコの自動販売機でタバコを購入するとき、現在はTASPOを利用しています。これを「個人番号カード」で利用できるようにしたり、酒類の購入の際に「個人番号カード」を利用できるようにし、身元と年齢の確認ができるようにする、などを検討しています。また、ワンカード化をさらに発展させて、指紋や網膜認証などの「生体情報」とマイナンバーを連携させ、自分の身体一つあればさまざまなサービスを認証できるようにする仕組みも検討しています。自分の情報があらゆる場所で活用できる時代が目の前まで迫ってきているのです。

8-2

企業のやるべきことと心構え

[8-3]

4つの安全管理措置

従業員のマイナンバーを預かる法人企業としては、マイナンバーの漏えいや盗難が起こらないように、しっかりと安全管理措置を施さなくてはなりません。特定個人情報の適正な取り扱いに関するガイドラインには特定個人情報に関する安全管理措置が明記されています。

 基本 安全管理措置とは ////////////////////////////////

　構ずべき安全管理措置の内容として「基本方針の策定」や「取り扱い規程の策定」の他に4つの安全管理措置が明記されています。4つの安全管理措置とは「組織的安全管理措置」「人的安全管理措置」「物理的安全管理措置」「技術的安全管理措置」です。法人企業の情報漏えい対策として、具体的な内容が盛り込まれていますので、マイナンバーを適切に管理するために、このガイドラインの内容を把握しておきましょう。

【組織的安全管理措置】

●組織体制の整備
●取り扱い規程などに基づく運用
●取り扱い状況を確認する手段の整備
●情報漏えい事案に対応する体制の整備
●取り扱い状況の把握および安全管理措置の見直し

【人的安全管理措置】

●事務取り扱い担当者の監督
●事務取り扱い担当者の教育

【物理的安全管理措置】

● 特定個人情報などを取り扱う区域の管理
● 機器および電子媒体などの盗難等の防止
● 電子媒体等を持ち出す場合の漏えいなどの防止
● 個人番号の削除、機器および電子媒体などの廃棄

【技術的安全管理措置】

● アクセス制御
● アクセス者の識別と認証
● 外部からの不正アクセスなどの防止
● 情報漏えいなどの防止

 基本 ①組織的安全管理措置 ////////////////////////////

　最初に取り組むべきことは「組織体制の整備」です。マイナンバーを安全に管理するために、組織体制を整備する必要があります。

取り扱い責任者、取り扱い担当者を決める

　まずは、マイナンバーの取り扱い責任者と取り扱い担当者を決めます。
　基本的には、マイナンバー取り扱い責任者と取り扱い担当者以外の従業員は、マイナンバーに触れられないようにします。なお、マイナンバーを取り扱う人が複数存在する場合、取り扱い責任者と担当者を区分することが望ましいとされています。

マイナンバー取り扱い業務の範囲、責任を明確にする

　次に、マイナンバーを取り扱う業務上の役割と範囲を明確化します。
　たとえば、総務部門の事務担当者が取り扱うマイナンバーの範囲は「社会保障」のみ、財務部門の事務担当者が取り扱うマイナンバーの範囲は「税関連」のみ、といった具合です。
　さらに、マイナンバーを複数の部署で取り扱う場合、各部署における任務分担を決め、責任を明確にします。また、マイナンバーの取り扱い担当者が取り扱い規定などに違反している事実がある場合や兆候を把握した場合、どのように責任者へ報告・連絡するのかエスカレーション体制を定義します。

取り扱い規程などに基づく運用

　取り扱い規程などに基づく運用状況や取り扱い状況がわかるように、システムログや利用実績を記録する必要があります。たとえば、特定個人情報ファイルの利用・出力状況の記録や、書類・媒体などの持出しの記録、ファイルの削除・廃棄記録、削除・廃棄を委託した場合、これを証明する記録などを残します。特定個人情報ファイルを情報システムで取り扱う場合、事務取り扱い担当者の情報システムの利用状況（ログイン実績、アクセスログなど）を記録する仕組みを取り入れます。

取り扱い状況を確認する手段の整備

　特定個人情報ファイルをどのように取り扱っているのか、現状どのようになっているのかを確認するための手段を整備、記録します。ここでは取り扱い状況を確認するために記録するのであって、特定個人情報は明記しないことに注意してください。

特定個人情報ファイルの種類、名称	責任者	取扱部署	利用目的	削除・廃棄状況	アクセス権を有する者
源泉徴収票	田中一郎	経理部	税務申請		田中、佐藤、鈴木
...	...	...	...	...	...

図8-3-1 特定個人情報の取り扱い状況記録（例）

情報漏えいのなど事案に対応する体制の整備

　情報漏えいが発生する前の兆候を見つけたり、実際に情報漏えいが起こった場合にどのようなエスカレーション体制で会社や所轄行政機関に届け出るのか、二次被害や再発防止策をどのようにとるのかなど、組織としての報告・連絡体制を整備します。たとえば以下のようなものを整備します。

　・事実関係の調査および原因の究明
　・影響を受ける可能性のある本人への連絡
　・委員および主務大臣などへの報告

・再発防止策の検討および決定

・事実関係および再発防止策などの公表

取り扱い状況の把握及び安全管理措置の見直し

そして、マイナンバーが漏えいしないように、組織体制や安全管理体制を定期的に見直す必要もあります。自社内、あるいは外部の協力を受けながら、定期的な監査を行い、漏えいの可能性が見つかれば改善を行います。

 ②人的安全管理措置 //////////////////////////////////////

人的安全管理措置とは、事務取り扱い担当者の「監督」や「教育」です。

事務取り扱い担当者の監督

経営をつかさどる事業者は、マイナンバー取り扱い責任者や担当者が、取り扱い規定などに基づきマイナンバーを適切に取り扱っているかどうかを監督し、確認する必要があります。

たとえば半年に1回はマイナンバーの管理方法を経営会議で報告するようにルール付けしたり、経営者が取り扱い状況を実際の現場に赴き目視で確認するなど、組織としての取り扱いルールを定めるとよいでしょう。

なお、マイナンバーの取り扱い業務は委託や再委託をすることも可能です。たとえば社会保障や税関連の業務を委託している場合、社労士や税理士などに自社の従業員のマイナンバーを委託することができます。委託や再委託を行った場合、委託元である企業はマイナンバーの安全管理が図られるように委託先（社労士や税理士など）に対して、必要かつ適切な監督を行う義務が生じます。委託や再委託を受けた者（委託先）は、委託元である企業と同様にマイナンバーを適切に取り扱う義務が生じます。

事務取り扱い担当者の教育

マイナンバーの漏えいが起こらないように、故意に漏えいを起こしたときは法定刑として本人が処罰を受ける可能性があること、業務において気をつけるべきことを教育する必要があります。また、従業員に対してマイナンバーの取り扱いに対する留意事項などを定期的な研修などを通じて伝えるとい

った、社員全員がマイナンバーに関する理解を深めるための教育を施す必要
もあります。

基本 ③物理的安全管理措置

　物理的安全管理措置とは、紙媒体や、データなどが外部に流出しないよう
に会社内のセキュリティ対策を整える措置のことです。物理的安全管理措置
として取り組む内容は多岐に渡ります。

特定個人情報などを取り扱う区域の管理

　マイナンバーを取り扱う事務を実施する場所のことを**取り扱い区域**、パソ
コンなどの情報システムにマイナンバーを保存し管理する場所のことを**管理
区域**といいます。

　マイナンバーを取り扱う場合、取り扱い区域と管理区域を明確にした上で、
漏えい対策を施す必要があります。

　たとえば、税関連や社会保障関連の書類を整理する場合は「取り扱い区域」
に該当します。この場合、マイナンバーの取り扱い担当者以外は立ち入らな
いように配慮する必要があります。たとえばパーティションで壁を作る、取
り扱い区域を仕切る、座席配置を変える、レイアウト変更を行う、などです。

　管理区域に対する物理的安全管理措置としては、入退室管理、管理区域へ
情報機器（USBメモリやスマホ、USBハードディスクやパソコンなど）の
持ち込みを制限する、ICカードやナンバーキーなどを活用した入退室管理

システムの設置が考えられます。

機器及び電子媒体などの盗難の防止

　マイナンバーが明記された紙などを事務上で取り扱う「取り扱い区域」、パソコンなど情報システムに保存しているデータを取り扱う「管理区域」では、書類や電子媒体、電子機器が盗難、紛失を起こさないように、情報漏えい対策を施す必要があります。

　たとえば、マイナンバーが明記されている書類や電子媒体などは、施錠できるキャビネットや書庫に保管する、パソコンにマイナンバーを入れているのであれば、セキュリティワイヤーなどで物理的に固定する、といった対策が考えられます。

電子媒体などを持ち出す場合の漏えいなどの防止

　マイナンバーが明記された書類や、電子媒体などを外部に持ち出す場合に、マイナンバーが漏えいしないような措置を講ずる必要があります。ここでいう外部とは、管理区域や取り扱い区域の外のことを指します。**事業所内での移動時も措置の範囲に含まれます**。追跡可能な移送手段を利用するなど、盗難、紛失が起こらないように配慮が必要です。

　たとえば、パソコンにマイナンバーを入れている場合、安全に持ち出す方法として、持ち出しデータを暗号化する、パスワードによる保護、施錠できる搬送容器を利用することが考えられます。行政機関からデータの提出指示があった場合はそれに従ってください。

　書類を持ち出す方法としては、封緘や目隠しシール貼り付け、封筒への封入、鞄に入れて搬送するなど、紛失・盗難などを防ぐための安全対策を施してください。

個人番号の削除、機器及び電子媒体などの廃棄

　従業員の退職や解雇、死亡などによって、その番号を企業として利用する必要がなくなり、所管法令に定められている保存期間（287ページ）を超過した場合、マイナンバーをできるだけ速やかに、復元できない手段で削除、または破棄する必要があります。

　電子媒体・紙媒体に記載されているマイナンバーを削除・破棄した場合は、その記録を残しておきます。削除・破棄の作業を外部業者に委託した場合、

証明書を入手し、間違いなく削除・破棄が行われているかを確認する必要があります。

　たとえば次のような形です。

1. 書類などを破棄する場合、焼却、溶解、シュレッダーによる裁断などを通じて復元不可能な手段を採用する
2. マイナンバーが記載された書類は、保存期間経過後における破棄を前提とした手続きを定める
3. マイナンバーが記録されているパソコンなどの電子媒体を破棄する場合、専用のデータ削除ソフトで消去する、あるいは物理的に破壊する（復元不能な手段を採用する）
4. 保存期間経過後にはマイナンバーが削除されることを前提として情報システムを構築する

　こういった削除・破棄を「いつ」「だれが」「どのような手段で」行ったのかを記録しておく、責任者が最終確認を行うといった配慮が必要です。

 ④技術的安全管理措置 ////////////////////////////

　マイナンバーをパソコンなどの電子機器に保存したり管理する場合は、物理的安全管理措置に加えて、技術的安全管理措置を講ずる必要があります。具体的には次のような措置を講じます。

アクセス制御

　マイナンバーを利用する取り扱い責任者や担当者以外はマイナンバー情報に触れることや操作することができないように情報システム上でコントロールする必要があります。まずは「アクセス制御」です。

　給与計算システムなど、情報システム上でマイナンバーを取り扱う場合は、当然ですが「個人の名前」と「マイナンバー」がデータベース上で関連付けられています。したがって、取り扱い担当者以外がアクセスできないように、システム上でアクセス制御をかける必要があります。たとえば、マイナンバー取り扱い者として「Aさん」「Bさん」の2名が許可されているとします。同じ会社にいる「Cさん」はマイナンバー取り扱い担当者ではありません。

Cさんがマイナンバーを閲覧することは業務規程上 NG です。この場合、マイナンバーを取り扱うデータベースでは、以下のようなアクセス制御をする必要があります。

A さん、B さん：
読み取り〇、書き込み〇、実行〇

C さん：
読み取り×、書き込み×、実行×

図8-3-2 マイナンバー取り扱いデータベース

中小企業の場合は、マイナンバーを取り扱うパソコン端末と、取り扱う人（総務、経理担当者）を限定し、担当者以外の方は触れないように配慮してください。もっとも簡単な方法は、スタンドアロンのパソコンで、ユーザーアカウントを管理し、部外者がそのパソコンを利用できないようにすることです。

アクセス者の識別と認証

マイナンバーを取り扱う情報システムは、正当なアクセス権を保有する取り扱い担当者が、間違いなく正しいと保証できる形で本人を識別し、認証を行う必要があります。

識別方法としては、ユーザー ID、パスワード、磁気・IC カードの利用などが考えられます。

中小企業では、IC カード認証のシステムを導入することは予算上難しいケースも考えられます。そのため、Windows の標準 ID 管理機能を用いて、セキュリティ対策をすることが有効です。もちろん、セキュリティ対策が不安で、しっかりと対策をしたい場合は IC カード認証などを用いることは有益な対策になります。また、取り扱う機器を特定すること、取り扱い担当者を限定することなども有効な対策になります。

外部からの不正アクセスなどの防止

　情報システムに保管されているマイナンバーを外部からの不正侵入やウイルスなどの不正プログラムによる情報漏えいから守る仕組みを導入し、適切に運用する必要があります。本書でこれまで述べてきたような対策を行いましょう。

パスワードの取り扱いに関する注意とお勧めルール

　せっかくマイナンバー取り扱い担当者を限定して、専用のIDとパスワードを生成したにも関わらず「パスワードを忘れると困る」とデスクトップパソコンやノートPCに付箋で貼り付けたり、入力規則が単純ですぐ見破られるようなパスワード（自分の誕生日など）だったり、パスワードを他で使っているものと同一のものにしたり（パスワードの使いまわし）、ずさんな管理が情報漏えいを引き起こす要因にもなります。パスワードの規則として有効なのは「8文字以上で推測が難しく、文字と数字と記号を含める」ものです。たとえば「S」を「$」にしたり、「a」を「@」（アットマーク）にするだけでも、パスワードとして見破るのが難しくなります。

情報漏えいなどの防止

　マイナンバー情報をインターネットなどで外部に送信する場合、通信経路上で情報漏えいが発生しないような措置を講ずる必要があります。インターネットでのデータのやり取りは、基本的には暗号化されていない情報が流れています。インターネット上のどこを通過するかわからないため、悪意のある者が通信経路上に盗聴ツールを仕掛けて（スニッフィング）いる場合は、そこから情報が抜き取られる可能性があるのです。

　マイナンバーなどの重要な情報がこのような被害に遭遇しないためには通信そのものを「暗号化」する必要があります。通信経路を暗号化する方法としては「VPN（バーチャルプライベートネットワーク）」があります。拠点間通信を暗号化するときによく使われる技術です。ルータやファイアウォールなどの通信機器同士で暗号化・復号化の鍵をやり取りして、データの送受信を行うときにその鍵を用いて暗号化・復号化を図るため、マイナンバーなどの重要な情報がスニッフィングなどで漏えいすることがなくなります。

また、パソコンとブラウザの間を暗号化する技術としては「SSL 認証」があります（218 ページ）。サイトの URL 上に鍵マークがつき、【https://www....】となっている場合は、パソコンとブラウザ間の通信は暗号化されているので、盗聴されることがなくなります。また、事前にデータを復号化する鍵を交換しておきながら暗号化したデータをメールで送受信する方法などがあります。マイナンバーのやり取りをインターネット上で行う必要がある場合は、上記のような暗号化通信技術を用いる必要があります。

VPN（Virtual Private Network）

　仮想的に（Virtual）組織内でプライベート環境を実現した（Private）ネットワーク（Network）のこと。通信会社の公衆回線を利用しつつ、組織内ネットワーク（Local Area Network）環境を仮想的に作る技術。たとえば本社Aと、支社B、支社Cが物理的に離れた場所にあるが、あたかも社内LANのようにセキュアな環境を実現したいといった場合に、公衆回線網などを用いて、ネットワークを構築する場合に用いる通信技術のことを指す。

個人情報漏えいによる罰則強化とサイバー保険

　個人情報保護委員会は、法人企業が個人情報を漏えいさせた際の罰則強化の方針を打ち出しました。今までは、個人情報の漏えいを起こした場合、その対応は企業の判断に委ねられていました。そのため、情報漏えいの被害に遭った個人への告知や、個人情報保護委員会への報告などはあくまでも努力義務として取り扱っていました。ところが 2022 年以降は、個人情報保護と漏えい時の罰則などが強化されます。具体的には、情報漏えい時の「個人全員への告知」や「個人情報保護委員会への報告」を義務化し、違反者には最高で 1 億円の罰金、悪質な場合は社名を公表するという、より厳格な罰則が適用されます。

　これは、政府が個人情報の重要性をよりはっきりと定義し、アメリカやヨーロッパ諸国と歩調を合わせる方向性に舵を切ったことに他なりません。企業のセキュリティ対策が甘く、個人情報を漏えいさせてしまうと、事業継続が難しくなり市場から一発で退場させられてしまう、という時代が目の前ま

で来ています。

　個人情報の取り扱いが多い場合や、自社のセキュリティ対策に不安がある場合は、「サイバー保険」などを利用してリスク移転することも検討してください。

図8-3-3 リスク対策としてサイバー保険の加入も検討の余地あり。中小企業の場合、このようなサービスがあることも知らない場合が多い（図は東京海上日動　サイバーリスク保険）

（出典元：東京海上日動火災保険株式会社「Webサイトのサイバーリスク保険」2020年8月1日時点）

9章

知っておくべき
セキュリティ関連法

サイバー犯罪などから国や企業などの重要情報を守り、利用者が安心してサイバー環境を利用しながら国際的な競争力をつけていくために、国は情報セキュリティ関連法を定めています。ここでは特に、中小企業がインターネットを活用した事業を展開するにあたって押さえておくべき法律について紹介します。

[9-1]
中小企業が知っておくべき セキュリティ関連法

セキュリティ関連法と聞くと、法律そのものに触れる機会が少ない方にとってはハードルが高く感じるかもしれませんが、ご安心ください。業務を運営するにあたって知っておくべき法律はそれほど多くありませんし、実は結構身近なものです。法律は、国が定めたルールです。法律を知っておくことで、国が考えている方向性を知ることができる、業務をスムーズに運ぶことができる、やってはいけないこと（罰則）を知ることでミスを最小限に食い止めることができるなど、トラブルを未然に防ぐことにつながります。

 基本 IT社会に必要なルール

　パソコンやスマホなどの電子機器を使った文書作成やメール送信、友達とのメッセージ交換、コミュニケーション、買い物やネットバンキングでの送金処理などデジタル情報を取り扱うことは、日常生活の中に当たり前のように溶け込んでいます。たとえば自分が作った文書が自分のものであることを証明するには、アナログの世界では筆跡認証（サイン）や押印をすればよかったのですが、デジタル（電子情報）の世界では、それに真正性があることを証明するための認証機関が必要になります。この場合は**電子署名法**がルールを定めています。他人のIDやパスワードを知り得る可能性がある情報管理者は知り得た情報を使ってなりすましなどをしてはいけないことは**不正アクセス禁止法**で定められています。興味本位でウイルス作成ツールなどをダウンロードして、ウイルスを作ってはいけないことが**ウイルス作成罪**で定められます。電子メールを使えば、コスト0円で見込み客を集めたり、宣伝告知などをすることができますが、**迷惑メール防止法**を知らないで運営していると、ある日突然罰則を受けることになるかもしれません。今回挙げた「セキュリティ関連法」は日常業務を行う上で最低限知っておいてください。なお、「セキュリティ関連法」というのは、本書内で使用している便宜上の呼

称です。次の表に挙げた法律などのことを指しています。

中小企業が知っておくべきセキュリティ関連法

次ページから紹介していくセキュリティ関連の法律を一覧にまとめました。このように概要を把握しておくだけでも意識が変わってくるでしょう。

法制度		概要	法定刑
サイバーセキュリティ基本法		サイバーセキュリティに対する国の考え方や理念、国家戦略や方針等を定めた法律。国民に対しては、国としての啓蒙活動や情報提供、相談場所の設置を行う旨が明記されている	-
不正アクセス禁止法		不正アクセス行為全般（ＩＤ／パスワードの不正使用、なりすまし、ハッキング行為等）を禁止する旨が明記されている	3 年以下の懲役または100 万円以下の罰金
刑法	ウイルス作成罪	コンピュータウイルスを作ったり、第三者に提供したり、保管してはいけないことが明記されている	3 年以下の懲役、または 50 万円以下の罰金
	電磁的記録不正作出及び供用罪	預金口座残高等の情報やキャッシュカードの磁気ストライプ部分等を不正に作出、供用することを禁止した法律。自分のサイトに不正プログラムを埋め込み、利用者が意図しない動作をさせることも該当する	5 年以下の懲役、または 50 万円以下の罰金
	電子計算機損壊等業務妨害罪	他人のWebサイトを改ざんして、不正プログラムを埋め込み、利用者が意図しない動作を行わせる等、業務妨害を行ってはいけない旨が明記されている	5 年以下の懲役、または 100 万円以下の罰金
	電子計算機使用詐欺罪	ネットバンキングの不正送金行為等、電磁記録を書き換えて利得を得る等の詐欺を行ってはいけない旨が明記されている	10 年以下の懲役
個人情報保護法		個人情報をパソコンなどで検索できる状況で保有している場合や、事業で利用している場合には個人情報取扱事業者となるため、適切な管理が求められる。	6 ヶ月以下の懲役または 30 万円以下の罰金
マイナンバー法・番号法		2016 年 1 月から運用がスタートしたマイナンバー（個人番号）を適切に運用（収集、利用、保管、破棄等）するために定められた法律。情報漏えいが発生しないように、適切な管理が求められる	4 年以下の懲役または 200 万円以下の罰金or併科　等
迷惑メール防止法		広告宣伝を目的とした電子メールに法的ルールを定めた法律。メールを送信する前に、あらかじめ同意を得る必要がある、等が明記されている	3,000 万円以下の罰金
電子署名法		電子文書（契約書等）や媒体（電子申請や電子入札等）の情報発信者が本人である（真正性）ことを電子情報でも認めるための法律。電子認証を認定する事業者に虚偽の申し込み等をしてはいけない	3 年以下の懲役または 200 万円以下の罰金

サイバーセキュリティ
基本法

ますます社会問題化するサイバーセキュリティの脅威に対して、わが国のサイバーセキュリティにおける基本理念や考え方、戦略や組織体制を定義した法律が「サイバーセキュリティ基本法」です。2015年1月に全面施行されました。本法律では、サイバーセキュリティに関する国の考え方を明確にし、国と地方公共団体の責務を明らかにするとともに、サイバーセキュリティ戦略本部を設置することを明確に定めました。

 基本 サイバーセキュリティに関する総合的な施策 ////////

　これまでに見てきたように、インターネットが社会インフラ化し、情報漏えい、金銭搾取、データ破壊など、国境を超えたサイバー犯罪は拡大の一途をたどっています。日本を狙ったサイバー攻撃の深刻化も懸念されており、サイバーセキュリティ基本法に基づき、国としてサイバーセキュリティに関するさまざまな施策を打ち出してくると考えてよいでしょう。

 基本 国や地方、社会基盤事業者が主体となって対応する /////

　サイバーセキュリティ基本法では、基本理念として、国や地方公共団体、重要社会基盤事業者が主体的に連携を行い、積極的にサイバーセキュリティに関する対応を行う旨が宣言されています。インターネットや通信インフラの発達に伴い、これらを利用したさまざまな経済活動などを行うことが必要かつ重要になっていきます。一方、サイバーセキュリティに関するリスクは増加傾向にあります。この対策を行うにあたって、特に社会インフラを提供する事業者である重要社会基盤事業者は積極的な対応が求められます。これはインフラ事業を行っている中小企業にも該当する条文です（第三条）。

9-2

サイバーセキュリティ基本法

重要社会基盤事業者

　国民の生活や経済活動などに必要不可欠な社会インフラを提供する事業を営んでいる事業者のこと。社会インフラは機能そのものが停止したり、利便性が低下してしまうと、生活や経済活動に多大な影響を及ぼす恐れがあるため、特に事業継続性が求められる。具体的な事業者としては「情報通信」「金融」「航空」「鉄道」「電力」「ガス」「政府・行政サービス」「医療」「水道」「物流」「化学」「クレジット」「石油」事業がこれにあたる。

　同時に、国は、国家戦略としてサイバーセキュリティに注意を払う一方で、施策の推進に関しては国民一人ひとりの自発的な対応を促しています。国任せにせず、企業としては、サイバーセキュリティに関心を持ち、自らの手で対策をする必要があるのです（第三条2項、3項、第九条）。

　国民がサイバーセキュリティに関心を持ち、自発的に取り組みを行うために、国は、サイバーセキュリティに対する相談、情報提供、助言などを行う場所を設けるとしています（第十五条）。サイバーセキュリティ人材が不足している、あるいは不在の中小企業の場合はこれらを活用できます。国が提供するサイバーセキュリティ関連機関に相談、情報提供、助言などを求めることができるのです。

COLUMN

情報セキュリティ対策9か条

　内閣サイバーセキュリティセンター（NISC）が「インターネットを安全に利用するための情報セキュリティ対策9か条」を公開しています。基本的な対策がわかりやすく挙げられています。

　①OSやソフトウェアは常に最新の状態にしておこう／②パスワードは貴重品のように管理しよう／③ログインID・パスワード絶対教えない用心深さ／④身に覚えのない添付ファイルは開かない／⑤ウイルス対策ソフトを導入しよう／⑥ネットショッピングでは信頼できるお店を選ぼう／⑦大切な情報は失う前に複製しよう／⑧外出先では紛失・盗難に注意しよう／⑨困ったときはひとりで悩まずまず相談

http://www.nisc.go.jp/security-site/files/leaflet_20150201.pdf

[9-3]

不正アクセス禁止法

不正アクセス行為の禁止などに関する法律（不正アクセス禁止法）は、インターネットなどの通信回線を通じて、管理権限やアクセス権が与えられていない者がIDやパスワードの不正利用や不正搾取を通じてコンピュータなどの電子機器にアクセスした場合に処罰する、と定めた法律です。IDやパスワードの不正使用のみならずIDやパスワードを知っているものがそれらを第三者に提供したり、利用者になりすましてアクセスしたり、ハッキング行為などのあらゆる攻撃手法を用いて不正にアクセスすることを禁止しています。不正アクセス行為を行った場合、3年以下の懲役または100万円以下の罰金刑に処されます。この法律は2000年に施行されました。

 基本 不正アクセスに該当する禁止事項の例 ////////////

不正アクセスに該当する可能性があるものとしては、以下のようなものがあります。

【例1】不正侵入行為

IDとパスワード設定がされているパソコンやサーバ（自社内のパソコン、サーバも含む）などに、権限がないにも関わらず侵入を試みて、実際に侵入する行為（情報を閲覧したり、盗み取ったりしなくても、侵入行為そのものが処罰の対象になる）。

【例2】元いた職場のサーバなどへの侵入

退職したにも関わらず、在職時に保有していたIDやパスワードを使ってかつての職場のネットワークシステムやサーバなどの情報資源にアクセスしたり、情報を閲覧したり、盗み取る行為。

【例3】他人のIDやパスワードの取得

　権限がないにも関わらず、他人のIDやパスワードを不正に取得する行為。たとえば社内サーバなどに保存されているパスワード一覧を取得したり、紙で印刷管理しているID一覧やパスワード情報などを閲覧したりコピーしたりする行為。

【例4】IDやパスワードの漏えい

　意図せずに知ってしまったり、故意に知りえた他人のIDやパスワード情報を、権限を持たない他人（社内メンバーや社外の友人など）に話したり、伝えたり、メールで送付するなどの行為。

【例5】IDなどを不正に取得するための手段の構築

　IDやパスワードを不正に取得（要求）することを目的として、IDやパスワードの入力が必須となるWebサイトを立ち上げて入力を求めたり、メールを送信して入力を求める行為。閲覧制限をかけた会員登録制のWebサイトを立ち上げ、IDやパスワードの入力を促す場合がありますが、このWebサイトの目的が「IDやパスワードを不正に取得すること」である場合は処罰の対象になります。

 実践　不正アクセスの防御措置 ////////////////////////

　情報システムの管理者は、このような問題が起こらないように防御措置を講ずる必要があります。これは努力義務であるため、万が一不正アクセスが起こったとしても、情報システムの管理者が法的に処罰を受けることはありませんが、不正アクセスが行われないように、たとえば以下のようなことに取り組んでください。

防御措置1　複雑なパスワードの設定

　簡単に推測されるようなパスワードを設定できないようにする。たとえばIDとパスワードを提供する場合は、初期パスワードを変更できるような仕組みにしたり、パスワードの設定に大文字、数字、記号を含むような設定を施す。

防御措置2　IDやパスワードの定期的な変更 これは最近はあまりオススメではないような？

　退職者が発生した場合は、その退職者が知り得たIDやパスワードを速やかに削除し、かつファイルやフォルダなどに設定されていたアクセス権限を削除する。

防御措置3　不要なIDやパスワードの削除

　不要なID、パスワード情報が残っていないかを定期的に確認する。

防御措置4　IDやパスワードの貼り付け禁止

　IDやパスワードを記載したメモなどをデスクトップやパソコンに貼り付ける行為を禁止する。

　万が一不正アクセス被害に遭遇した場合は、所轄の公安委員会に相談しましょう。公安委員会は、不正アクセス事項の調査・分析から、対策案の提示、指導などを行うことが義務付けられており、的確なアドバイスが期待できます（第九条）。

COLUMN

全国にあるサイバー犯罪、セキュリティ被害の相談窓口

　サイバー犯罪やセキュリティ被害については都道府県警察本部のほか、次のような窓口に相談可能です。

各種相談窓口
・犯罪に関する相談・電話による情報提供
　各都道府県警察のサイバー犯罪相談窓口（各都道府県）
・コンピュータウイルスに感染したと思ったら
　IPA情報セキュリティ安心相談窓口
　電話番号：03-5978-7509（平日 10:00-12:00, 13:30-17:00）
・広告や宣伝目的の迷惑メールに困ったら
　財団法人日本データ通信協会　迷惑メール相談センター
　電話番号：03-5974-0068（平日 10:00-12:00, 13:00-17:00）

[9-4]

刑法：ウイルス作成罪など

2011年7月に「情報処理の高度化等に対処するための刑法等の一部を改正する法律」が施行されました。いわゆる「サイバー刑法」です。その中で、「不正指令電磁的記録作成罪（通称：ウイルス作成罪）」が新たに刑法として追加されました。ウイルス作成罪では、正当な理由がないのに、利用者が意図しない動作を不正に行うプログラム（コンピュータウイルス）を故意に作成したり、提供した場合は、3年以下の懲役、または50万円以下の罰金に処されます。また、正当な理由がないのに、攻撃を目的としたウイルスを保管することも処罰の対象になります。

 基本 ウイルス作成罪に該当する禁止事項の例 //////////

禁止事項1　ウイルスの作成

　利用者が意図しない動作を行うプログラム（コンピュータウイルス）を作ること。ウイルスを簡単に作成できるプログラムなどがインターネット上に出回っていますが、そのようなものを利用して作成した場合も該当します。

禁止事項2　ウイルスの保持

　攻撃を目的としたコンピュータウイルスを保持・保管すること。自分が加害者となるようなコンピュータウイルスをインターネットからダウンロードして保有したり、自分で作成したコンピュータウイルスを持っているだけで処罰の対象になります。なお、ウイルスに感染してしまったコンピュータを保有している場合（自分が被害者のケース）はこの限りではありません。

　情報システムの管理者は、ウイルスなどの怪しいプログラムが社内のパソコンにインストールされていないかを定期的にチェックするのが望ましいといえます。

COLUMN

ウイルス作成罪の逮捕者

　2012 年、不正指令電磁記録作成容疑で全国初の逮捕者が出ました。発端は逮捕された男性が、自分が運営しているWebサイト上に自作の不正プログラムを埋め込み、共同運営者の男性にメールを送付しWebサイトに誘導。誘導された男性が、埋め込まれた不正プログラムを通じて脅迫文を書いたように見せかけ、警察に「男性に脅迫された」と相談していたのです。

 電磁的記録不正作出及び供用罪 /////////////

　銀行の預金残高やプリペイドカードの残高記録や、キャッシュカードの磁気ストライプ部分の情報などを権限がないにも関わらず不正に作出したり、供用した場合は、5 年以下の懲役、または 50 万円以下の罰金に処されます。自分の Web サイトなどに不正プログラムを埋め込み、利用者が意図しない動作をさせるように仕掛けることも、供用罪に該当します。システム管理者は、社内の Web 担当者などに注意喚起を行うことが望ましいといえます。

 電子計算機損壊等業務妨害罪 /////////////

　Web サイトを改ざんしたり、Web サイトに不正なプログラムを埋め込むことで、意図しない動作を誘発するなど、業務妨害を行った場合は、5 年以下の懲役または 100 万円以下の罰金に処されます。競合他社を困らせるなどの目的で安易に不正プログラムを仕掛けて業務妨害を行ってはいけません。

 電子計算機使用詐欺罪 //////////////////////

　電磁記録を書き換えて利得を得る詐欺罪です。インターネットバンキングで不正送金などを誘発させ、他人の預金口座から自分の預金口座に金銭を移したりする行為などを行った場合、10 年以下の懲役に処されます。金銭を取り扱う経理担当者などは、簡単に資金移動を行える立場にありますので、特に自分を律しなくてはなりません。

[9-5]

個人情報保護法

個人情報の保護に関する法律（略称：個人情報保護法）は、個人の人格尊重のもと、個人情報（氏名・生年月日その他の記述などにより特定の個人を識別することができるもの）を扱う個人情報取事業者などが、適正に取り扱うことを定めた法律です。現行法では、適切な対応を行わなかった場合、6ヶ月以下の懲役または30万円以下の罰金に処されるとなっていますが、令和2年6月5日の閣議決定により、法定刑の引き上げが決まりました。一年以下の懲役または100万円以下の罰金となり、場合によっては1億円以下の罰金に処されることが決定しました。

 基本 個人情報とは //////////////////////////////

　生きている人間に関する情報であり、氏名や生年月日など特定の個人を識別できるものです。個人が識別できるものであれば、顔写真や動画なども含まれます。メールアドレスなどの本人が特定できない情報であっても、氏名などと関連付けられ容易に照合することができるものは個人情報となります。

 基本 個人情報を取り扱う企業が該当 ////////////////////

　かつて、個人情報取扱事業者は過去6ヶ月間において5,000人以上の情報を一度でも保有し、データベース化している場合、という定義がありました。これが撤廃され「パソコンなどで検索できる」「事業で利用している」場合には個人情報取扱事業者となります。顧客名簿や、取引名簿をExcelなどでまとめている企業を含め、すべての企業が該当することになるでしょう。

基本 個人情報の取り扱いに対する注意点 //////////

　個人情報を取り扱っている場合、特に情報漏えいが起こらないように細心の注意を払う必要があります。たとえば以下のような対策を施すことで、個人情報の漏えいを最小限に抑えることができます。

□個人情報にアクセスできる人を制限する
□アクセスを制限された人以外は個人情報の取得や閲覧ができないように
　ID・パスワードなどで認証制限をかける
□個人情報を保有しているパソコンは専用端末化し、インターネット閲覧
　やメールの開封など、他の用途で使用することを控える
□個人情報が入ったノートパソコンなどを外出先に持ち出さない／持ち出
　す場合はパソコンのハードディスクに暗号化処理を施す
□不要になった個人情報は速やかに削除する
□個人情報が入ったパソコンやサーバのバックアップを取っている場合、
　バックアップデータが漏れないように認証制限をかけたり、漏えい対策
　を施す

 基本 個人情報保護法の一部改正 //////////

　個人情報保護法は、3年ごとに見直しをする規定があります（平成27年の改正個人情報保護法にて設けられました）。自身の個人情報保護に対する意識が高まったことや、技術革新による変化、日本を越え外国などにデータが届く（越境データ）ことに対するリスクの観点などから、時代の流れに応じて改定が行われます。特に注意しなくてはいけない点は個人情報漏えいにおけるペナルティがより厳しくなったということです。たとえば「個人情報の保護に関する法律等の一部を改正する法律（概要）」には以下のように記載されています。

5．ペナルティの在り方

● 委員会による命令違反・委員会に対する虚偽報告等の**法定刑を引き上げる。**

（※）命令違反：6月以下の懲役又は30万円以下の罰金
→ **1年以下の懲役又は100万円以下の罰金**

虚偽報告等：30万円以下の罰金 → **50万円以下の罰金**

● データベース等不正提供罪、委員会による命令違反の罰金について、法人と個人の資力格差等を勘案して、**法人に対しては行為者よりも罰金刑の最高額を引き上げる**（法人重科）。

（※）個人と同額の罰金（50万円又は30万円以下の罰金）→ **1億円以下の罰金**

図9-5-1 個人情報の保護に関する法律等の一部を改正する法律（概要）　ペナルティの在り方部分を抜粋。罰金刑の最高額が引き上がり、法人に対して1億円以下の罰金を処すことになった

　個人情報を保有するすべての法人企業は、外部からのサイバー攻撃や内部からの情報漏えいも含めて、個人情報をどのように守っていくのかを今一度真剣に考えた上で、適切な対策を取る必要があります。

COLUMN

マイナンバー法・番号法

　行政手続における特定の個人を識別するための番号の利用等に関する法律（通称：マイナンバー法）は、日本国に住民票を有する国民一人ひとりに12桁の番号（マイナンバー）を付与し、複数の機関に存在する個人情報を同一人の情報として一元的にまとめることによって、利便性と効率性を高めるための社会基盤とするために施行されました。はじめは社会保障、税、災害対策の3分野からスタートする（今後順次拡大予定）ことから、「社会保障・税番号制度」ともいいます。

　マイナンバー法にのっとった取り組みを進めることによって、行政機関においては行政運営の効率化と、行政分野における公正な給付と負担の確保を図ることにつながり、利用者（国民）にとっては手続きの簡素化による負担の軽減と、本人確認の簡易化と利便性の向上につなげようとしており、本法律ではそのために必要な事項が定められています。

　マイナンバーを「特定個人情報」と位置づけ、その取り扱いが安全かつ適正に行われるように、行政機関、独立行政法人、民間事業者の個人情報の保護に関する法律に特例を定めました。現段階ではマイナンバーの利用は、社会保障制度、税制、災害対策の分野の利用に限られますが、今後は、他の行政分野や民間利用など、国民の利便性が向上する分野への拡大を視野に入れ

ています。

　企業規模の大小に関わらず、マイナンバーを預かるすべての事業者は、税務署や社会保険庁への届出書類などに従業員のマイナンバーを記入、提出する必要が出てきます。そのため、従業員にマイナンバーの提供を求める必要があります。なお、あらかじめ定められた用途以外でマイナンバーの提供を求めてはなりません。さらに、マイナンバーの取扱事務実施者は、マイナンバーが漏えいしないように安全管理措置を図らなければなりません（具体的な対策は8章にて解説しています）。

[9-6]

迷惑メール防止法

特定電子メールの送信の適正化等に関する法律(通称：迷惑メール防止法)は、世の中に氾濫する電子メール(迷惑メール)の送受信に法的にルールを定めた法律です。特定電子メールとは、広告宣伝を目的として送信される電子メールのことです。

 基本 対象となる電子メール //////////////////////////////

　対象となる特定電子メールは、パソコンなどで利用する通常の電子メールのほか、次のようなものが含まれます。非営利団体や個人が送信する電子メールは対象外です。

- ・SMS（携帯電話同士で短い文字メッセージを電話番号で送受信するメール）
- ・他人の営業のために送信されるメール
- ・海外から送信され、日本で着信する広告宣伝メール

 基本 宣伝メールなどの送信ルール //////////////////////////

　広告宣伝メールの送信にもルールがあります。まず、メールを送信する場合は、あらかじめメールを送信することに同意を得た宛先にのみ送ることができます。同意がない限りメールの送信はできない（オプトイン方式の導入）ので、広告メールの送信の際は事前に同意を得てください。また、同意があったことを証する記録を残してください。

　なお、オプトイン方式を機能させるために、届いたメールが事前に同意したメールかどうかを簡単に判断できるようにわかりやすく表示することが求められています。

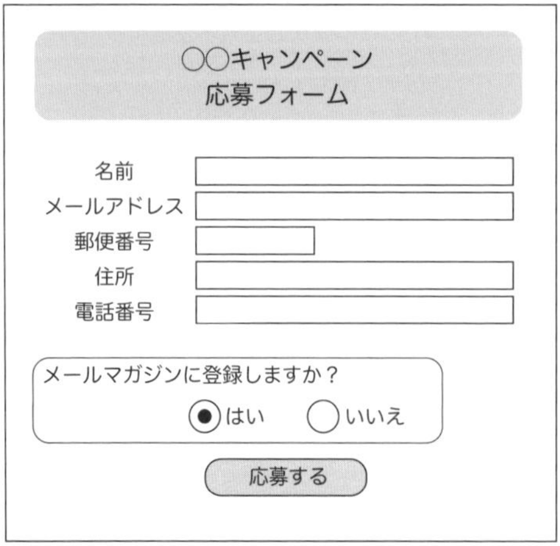

図9-6-1 メールの送付の同意を得る応募フォーム例

　送信者情報を偽って電子メールを送信したり、総務大臣等からの措置命令に違反した場合、法人に対して 3,000 万円以下の罰金刑に処されます。

KEYWORD

オプトイン方式

　オプトインとは、申し込みの許諾や承認などの意思を相手に明示すること。個人情報を利用する際に、相手の許諾を得ない限り利用しない（してはならない）ことを「オプトイン方式」という。

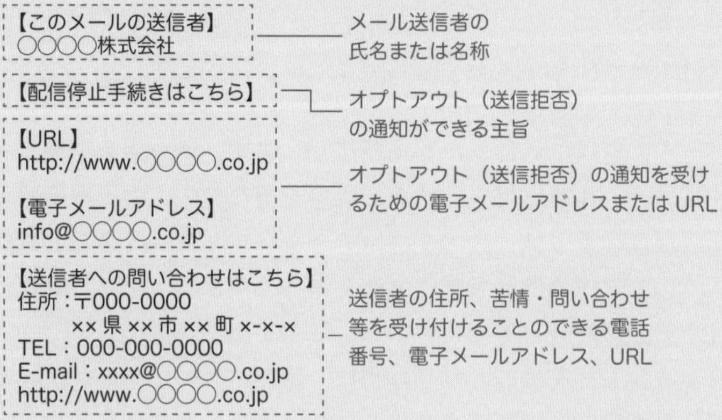

図9-6-2 特定電子メールの表示例。特定電子メールのわかりやすい場所にこれらの情報を表記する

[9-7]

電子署名法

アナログな世界では、自分が作成した私文書などに手書きで署名を行ったり、押印・捺印をすることで、その文書に対し、本人が認証をしたとみなし真正性を確認することができます。これと同様の真正性を電子媒体でも可能にするための法律が「電子署名及び認証業務に関する法律」（通称：電子署名法）です。

 基本 電子署名とは /////////////////////////////////////

　電子文書のみならず、インターネットバンキングやオンラインショッピングなど、電子的な取引が増えていく中で、情報発信者が本人であること（本人性の確認）やデータに改ざんやなりすましが行われていないこと（非改ざんの確認）を証明するための認証の仕組みは必須です。本人による一定の条件を満たす電子署名がなされているときは、電磁的記録が真正に成立したと推定する、としています。

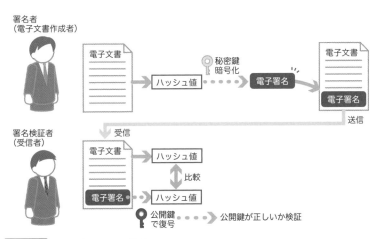

図9-7-1 電子署名・認証の仕組み

電子署名は、あらゆるシーンで活用されています。たとえば電子商取引では、見積、発注、契約書への署名、IR 文書など、企業として内容を保障すべき情報への署名、電子申請としては、官公庁（国土交通省や経済産業省など）や、地方自治体への電子入札や電子申請、税務（国税、地方税等）の電子申告や納税でも利用されています。

電子署名の業務活用例

項目	活用例
電子商取引等への電子署名	電子取引関係文書への電子署名（見積、発注、請書、契約書、利用申込書、請求書）
	公開情報への電子署名（ニュースリリース、IR文書、新着情報）
	取引システムにおける本人認証（レセプトオンライン）
	メールへの電子署名
	メールの暗号化
	保存文書
国税関係帳簿・証憑類の電子署名	医療関連文書の電子化保存の際の電子署名
	知的財産情報（先使用権、営業秘密、著作権など）への電子署名、暗号化
	生産記録への電子署名（PL法）
	取締役会議事録への電子署名
	業務記録
社内文書への電子署名	稟議書への電子署名
	各種報告書、議事録等への承認印としての電子署名
	業務システムへの本人認証
	社内機密情報の暗号化
	電子申請
	営業日報・業務記録
国土交通省等官公庁や地方自治体への電子入札	官公庁や地方自治体への電子申請
	特許庁への電子出願
	国税の電子申告・納税
	地方税の電子申告・納税
	士業関係の電子申請

COLUMN

ECサイト運営における注意点

　企業の売上向上の取り組みとして、ECサイトを運営し、商品の売買を行っているケースがあります。ECサイト運営において、押さえておくべき法律が「電子消費者契約及び電子承諾通知に関する民法の特例に関する法律」です。

　たとえば利用者（買い物客）がECサイトを閲覧している際、購入意志がないにも関わらず、誤って「購入する」をクリックしたとします。あるいは、1個の商品を購入する予定だったところ、入力を誤って11個にしてしまい、それを訂正せずに「購入する」をクリックするなど、予定していた内容と異なる申し込みをしてしまった場合、この契約は無効になります。一方で、サイト運営者が「本当にこれでいいですか？」などと念押しするようなサイト設計をしている場合や、利用者が「確認を取る必要がない（ex.Amazonの1クリック購入など）」と意思表示をしている場合は、その契約は有効になります。

　サイト運営者としては、しっかりと「念を押す」ようにしてください。具体的には、購入ボタンをクリックしたあとに［この内容で購入します。よろしいですか？　はい　いいえ］のような確認画面とボタンを表示するといった対応が必要です。

図9-7-2 利用者の購入の意思を確認し、利用者が操作ミスなどで誤って購入しないような仕組みが必要（画像はAmazonの例）

[9-8]
GDPR（EU一般データ保護規則）

GDPR（General Data Protection Regulation：一般データ保護規則）は、2018年5月25日に施行された、EEA（欧州経済領域：EU加盟国およびアイスランド、リヒテンシュタイン、ノルウェー。本書ではわかりやすさの観点からEUとします）内のすべての個人情報を保護するための規則です。

 基本 GDPRで実施すべきこと ////////////////////////////////////

　GDPR では、主に個人データの処理と移転に対するルールが定められています。主に以下のようなことを実施しなければなりません。

内容	実施事項
個人データの定義	識別された、または識別可能な自然人に関連するすべての情報。 ・名前、識別番号、所在地データ、e-mail アドレス、オンライン識別子（IP アドレス、Cookie 識別子）、身体的／遺伝子的／精神的／経済的／文化的／社会的固有性に関する要因
個人データの処理 （Processing）	・適切な安全管理措置の実施 ・情報漏えいなどが発生した場合、72 時間以内に監督機関へ通知 ・大量の個人データを扱う企業はデータ保護オフィサー（Data Protection Officer）の任命や代理人（Representative）の専任が必要
個人データの移転 （Transfer）	・EU 圏外への個人データ移転の原則禁止 ・個人データを業務上で日本に移転する必要がある場合に、企業ルールの策定と厳格な対策が求められる

図9-8-1 GDPRにおける個人データの処理と移転

　日本の法律ではありませんが、EU 圏と取引をする場合には日本国内にあっても GDPR を遵守したセキュリティ対策を施す必要があります。たとえば以下のような条件のときは、GDPR 対象企業となります。

　・EU に現地法人（支店や営業所、子会社など）を持っている

・EU の在住者とインターネットを通じて商品販売などの取引をしている
・業務委託やクラウドサービス提供など何らかの理由で、EU 在住者の個人データを保有している
・EU 在住者が自社サイトにアクセスする。その際に IP アドレスや Cookie 情報などを取得・保有している

　たとえば通販サイトなどを日本で運営している企業が、EU に住む個人から購入依頼があり、サービス提供＆発注処理を行ったとしましょう。このとき EU 在住の個人データが日本国内に蓄積されることになります。このようなケースの場合、日本にいても GDPR 適用の可能性があります。

 基本 厳しい罰則 ////////////////////////////////////

　GDPR 対象企業が注意しなくてはならないのは、罰則規定が厳しいことです。

　違反した場合は最大 1000 万ユーロ（1 ユーロ 120 円換算にすると 12 億円）以下、もしくは企業の全世界年間売上高（前会計年度）の 2% 以下のいずれか高い方が適用されます。

　さらに量刑が重い場合は（監督機関の命令に従わない場合など）は、最大 2000 万ユーロ（24 億円）、もしくは企業の全世界年間売上高（全会計年度）の 4% 以下のいずれか高い方が適用されます。

　中小企業の場合、1 回の情報事故で会社が倒産するくらいのリスクを抱えることになりますので、EU 諸国とビジネスをしている企業は、十分注意の上、セキュリティ対策を施してください。

著者プロフィール

那須 慎二（なす しんじ）

株式会社 CISO（シーアイエスオー）代表取締役
株式会社福水戸家（ふくみとや）　代表取締役

大手情報機器メーカーにてインフラ系 SE、大手経営コンサルティンファームにて中堅・中小企業を対象とした経営・セキュリティコンサルティングを経て起業。ミッションは「日本にセキュリティのバリアを張り巡らせる」こと。そのために「難しいセキュリティ問題を誰にでもわかりやすく伝える」ことをモットーにセキュリティ対策の啓蒙活動を行う。

編集	佐藤 玲子（オフィスつるりん）
カバー・本文デザイン	坂本 真一郎（クオルデザイン）
DTP	本薗 直美（有限会社 ゲイザー）

with コロナ時代のための
セキュリティの新常識

2020 年　10 月 5 日　初版第 1 刷発行
2023 年　5 月 15 日　初版第 4 刷発行

著　者　那須 慎二
発行人　片柳 秀夫
編集人　三浦 聡
発　行　ソシム株式会社
　　　　https://www.socym.co.jp/
　　　　〒 101-0064 東京都千代田区
　　　　猿楽町 1-5-15 神田猿楽町 SS ビル
　　　　TEL：03-5217-2400（代表）
　　　　FAX：03-5217-2420
印刷・製本　株式会社暁印刷